高等院校"十二五"应用型艺术设计教育系列规划教材

丛书主编 王瑞中

# 休闲娱乐空间设计

（修订版）

蒋粤闽　编著

U0295795

合肥工业大学出版社

**图书在版编目（CIP）数据**

休闲娱乐空间设计/蒋粤闽编著.—合肥：合肥工业大学出版社，2014.1（2020.8重印）

ISBN 978-7-5650-1759-9

Ⅰ.①休…　Ⅱ.①蒋…　Ⅲ.①文娱活动-文化建筑-室内装饰设计　Ⅳ.①TU242.4

中国版本图书馆CIP数据核字（2014）第022806号

# 休 闲 娱 乐 空 间 设 计

| | | |
|---|---|---|
| 编　　著： | 蒋粤闽 | |
| 责任编辑： | 王　磊 | |
| 装帧设计： | 尉欣欣 | |
| 技术编辑： | 程玉平 | |
| 书　　名： | 休闲娱乐空间设计 | |
| 出　　版： | 合肥工业大学出版社 | |
| 地　　址： | 合肥屯溪路193号 | |
| 邮　　编： | 230009 | |
| 网　　址： | www.hfutpress.com.cn | |
| 发　　行： | 全国新华书店 | |
| 印　　刷： | 安徽联众印刷有限公司 | |
| 开　　本： | 787mm×1092mm　1/16 | |
| 印　　张： | 7.5 | |
| 字　　数： | 163千字 | |
| 版　　次： | 2014年1月第1版 | |
| 印　　次： | 2020年8月第5次印刷 | |
| 标准书号： | ISBN 978-7-5650-1759-9 | |
| 定　　价： | 52.00元 | |

发行部电话：0551-62903188

# 总 序

　　设计的关键在于创新，设计教育的目的之一是培养学生的创新能力。

　　本系列教材本着"培养精英型设计人才，致力于研究性教学"的理念，以知识创新为引领，追踪国际艺术与设计专业前沿，注重对学生全球视野与创新能力的培养，注重对学生专业技能和综合素质的培养；通过重构课程体系，改革教学方法，强化实践环节，优化评价体系，以培养具有自主学习能力、社会就业能力和创新精神的艺术设计人才；使学生的多种能力能够更进一步提高，也将会使得教学效果更加突出。

　　本系列教材，是将在教学中不断探索的具有前瞻性的教学理念、教学方法、教学内容、教学手段和教改思路，通过教材的形式展示出来，起到一定的示范作用。教材的内容既符合课程自身要求，又与社会实际需要相结合，与当今人才培养的要求相适应，具有强烈的时代感、突出的创新性和可操作性，使教学成果能够获得广泛的应用和推广，为高等院校艺术设计专业的研究和设计提供有价值的参考依据，为设计类教学课程体系的改革发展作出贡献。

　　本系列教材的编著者均是一直从事基础和专业教学的中青年骨干教师。他们积极参与设计学科的建设和设计教学的改革，具有很强的超前意识和勇于创新、探索的精神，充满活力，有很强的进取心和丰富的教学、实践经验。

　　本系列教材主要解决的问题是针对目前我国艺术设计和工业设计教育的研究比较薄弱的现状，立足于设计教育教学的探讨，从教学的理念、方法、内容、手段等方面进行新的尝试和探索。

　　1. 培养学生对造型基础设计形态和形式的综合理解，以及对材料的运用能力，发挥他们在基础设计训练的过程中，对于视觉形态新的观察和思考，摆脱既有形式法则的束缚，达到自主地观察、研究造型艺术领域中的创造性艺术语言形式的目的，激发学生的潜在艺术素养与造型能力，提高他们在设计过程中创新的表达能力和扩大思维视角。

　　2. 本系列教材解决的是学生专业技能的训练，但并不是传统的知识灌输，而是将设计课题置于应用实践过程中，从而逐步掌握专业基础知识。在培养创新型的专业人才的前提下，课题化教学过程的实施，将传统的以教为主的教学模式转化为以研究为主的互动教学；提高学生学习的主动性，培养学生研究和解决问题的创新意识、方法和能力；使他们挖掘自己的创造潜能，不仅在构思阶段需要创造性，在如何学习和如何获得资源、组织资源、管理团队等方面都需要创造性发挥。

　　3. 加强基础知识与专业知识融会贯通。面对未来社会需要，本系列教材加强与专业化方向学习的紧密联系。专业化方向学习的重点是如何将融通的专业基础学习知识运用于设计的专业化方向。其目的是让学生自主学习、独立思考、体验过程，使学生在解决问题的过程中学到知识与技能，并运用这些知识与技能从事开发性的设计工作。

　　4. 注重对新技术、新媒体的综合开发和运用。本系列教材将设计基础教学与新技术、新媒体的综合开发和运用相结合，为设计基础教学体系注入新鲜血液，探索用各种材料、多种表现手法、多媒体进行多层次的综合表现，开发新的组织构思方法。

　　5. 将传统美的培养方法与创造美的心智感化过程相结合，让学生从生活中去发现美、感受美，从而达到自觉进行美的知识训练，提高专业审美鉴赏力。本系列教材尝试构筑开放性的基础教学体系，加强多个层面造型要素与形式相互的延伸、渗透和交叉的训练，在认识造型规律的同时，进行形态的情理分析、意象思维训练和艺术感染力、审美意趣、精神内涵的表现，注重增强基础知识和专业知识的连贯性、延展性、共通性，使基础教学更具自觉性和目的性，在更广泛的领域中和更丰富的层次上培养学生对形态的创造能力和审美能力。

6. 教师要在专业课程的教学中，教师要通过对专业理论的系统性学习和研究，在设计实践中充分发挥设计的功能和媒介作用，体现人的心理情感和文化审美特征，尝试更丰富、更新颖的设计表现形式和方法，使专业设计更好地发挥作用，培养能够快速适应未来急剧变化社会的复合型人才；培养学生具备更为全面的综合素质，积极回应未来社会对于复合型人才的需要；注重学生的创新性思维和实际动手能力的培养，注重实践与理论的结合、传统与前沿的结合、课堂和社会的结合；重创意，重实践；培养学生从需求出发、而不是从专业出发，从未来的需求出发、而不是从满足当前的需求出发的思考方式；逐渐从应对设计人才培养转向开发型设计人才的培养，从就业型人才培养转向创业型设计人才的培养。

在本系列教材的编写中，把握艺术设计教育厚基础、宽口径的原则，力求在保证科学性、理论性和知识性的前提下，以鲜明的设计观点以及丰富、翔实的资料和图例，将设计基础的理论知识与设计应用实践相结合，使课程内容与社会实际需要相结合，与当今人才培养的要求相适应，既符合课程自身要求，又具有前瞻性内容。通过强烈的时代感和突出的实用性，使本系列教材具有可读性和可操作性。

这套系列教材应用范围广，可作为艺术设计、工业设计、环境设计、视觉传达设计、公共艺术设计、多媒体设计、广告学设计等专业的教材、教辅或设计理论研究、设计实践的参考书；对高等院校艺术设计专业师生的研究和设计提供有价值的参考依据，对于设计教育的改革与发展具有一定的参考和交流价值，对我国的设计教育有新的促进作用，起到抛砖引玉的效果。

设计改变生活，设计创造未来！

丛书编委会
2014年1月

# 前 言

休闲餐饮空间是城市居民日常消费的饮食场所，对于满足居民日益丰富的饮食需求和交际需求，具有十分重要的意义。随着我国经济的发展及城市化水平的提高，城市住区建设有了长足的进步，人们希望拥有更高品质的生活环境，因此，也越来越关注居住空间的各种功能，对于休闲餐饮空间设计的研究和实践显得更为重要，这就对现代设计师提出了更高的要求。

中国不缺乏好的设计师，但缺乏优秀的设计作品，这与我们的设计教育结合市场不够充分、基础研究不够彻底有着很大的关系。在我国的设计职业教育中，始终将设计划归艺术的范畴，这与发达国家的设计教育有所不同，在发达国家中，设计属应用的范畴，设计和科技的结合十分紧密，设计的宗旨是为人服务的，而我国的设计较为强调设计师自我的表达。在《休闲娱乐空间设计》一书中充分表现设计与科技的结合、艺术与技术的联系。

"休闲娱乐空间设计"课程如何顺应社会的发展，如何确立完善的课程教学体系，如何提高教学质量，这一直是我们在教学过程中思考的问题。另外，在教学中，也经常苦于找不到合适的教材而烦恼不已。目前市面上的书理论太多，案例太少，不适合"娱乐空间设计"这一实践性较强的课程教学的特点；有的书虽然图文并茂，但知识传授点又过于单一。比如，有的书只有个别的休闲娱乐空间设计的个案，但不能给学生提供一个完整、系统的知识体系；有的书涉及内容太广，虽涵盖了家庭装饰设计、办公装饰设计、娱乐空间设计，但针对性不强；有的书编写形式过于老套，已不适应现在创新性教学的需要。

本书将休闲娱乐空间设计的基本理论、教学实践与工程实例相结合，系统论述了休闲娱乐空间设计的基本原理与设计方法，着重对休闲娱乐空间设计的基本概念、分类、样式设计、色彩设计、照明设计、材料及选择、各处施工工艺等知识予以论述。首先是供给大家把握现代休闲娱乐空间设计的基本理念和公共特征，其次是为广大休闲娱乐空间设计工作者推荐一些优秀作品，从而为设计带来启迪。鉴于本书的主要读者为应用型本科、高职高专院校学生、室内设计师、广大艺术设计爱好者，因此，在编著过程中对休闲娱乐空间设计的理论没有作过深的阐述，而是着重于设计实践的讲解、优秀案例的分析。在选图上重点结合现代休闲娱乐空间设计，力争把最普遍的，在我们生活、学习、工作中经常出现的经典休闲娱乐空间设计编辑其中，介绍给广大读者。

另外，本书还加入了对休闲餐饮经营者的了解和市场分析的内容以及团队合作的内容。这些对设计的实施至关重要，设计师不同于画家，画家的创作可以是自我的，可以表达画家本人的情感，可以在作品中宣泄激情，但设计师的情感应该是理智的，不能从个人的主观意识出发，应从经营者和使用者的角度去思考，才能够做出准确的市场定位，使设计为市场所接受。针对休闲餐饮空间的特点，本书主要探讨休闲餐饮空间的设计流程，从经营者和使用者的角度出发，结合选址、风格流派分析、确定风格，最后是空间的情感设计——空间氛围的营造。

休闲娱乐空间设计是一门综合性很强的学科，笔者在编写这本书时参看了大量的相关资料，虽然书后列出了很多参考文献，但由于篇幅太多，书中案例的作者没有一一列举出来，在此深表歉意。在编著中难免出现一些疏漏与不足，恳请各位朋友、同仁予以指正。在这里感谢所有在编写过程中给予我帮助和支持的朋友们！希望本书能给从事设计教育的工作人员、学生、设计师、设计爱好者带来共鸣和借鉴。

编 者

2014年1月

# 目录

# 第一章　休闲娱乐空间设计概述

**学习目标：**

了解休闲餐饮空间范围、特色及其设计的发展趋势。

**重点难点：**

把握休闲餐饮空间的影响因素及遵循原则，决定休闲餐饮空间特色的因素。

## 第一节　休闲娱乐空间的概念

很多设计界的同仁们常引用老子《道德经》的一段话"埏埴以为器，当无用，有器之用；凿户以为室，当无用，有室之用；故，有之以为利，无之以为用"来表达空间的概念和内涵。休闲娱乐空间作为休闲娱乐建筑的"无"，我们可以从狭义和广义两个角度来加以理解。

狭义的休闲娱乐空间是指单纯的休闲娱乐卖场活动场所；广义的休闲娱乐空间是指能提供有关设施、服务或产品，以满足各种休闲娱乐经营或服务活动需求的场所，除各种休闲娱乐卖场外，还包括宾馆及休闲娱乐、餐饮、娱乐等服务性的经营场所。

随着人类社会的不断进步和市场经济的迅速发展，现代休闲娱乐空间的综合功能和规模在不断扩大，种类不断增多，人们不再满足于休闲娱乐空间功能规模和物质上的需求，而是对其环境以及对人的精神影响提出了更高的要求。这就促使设计师必须具备更宽广的专业知识和综合素质，才能设计出优秀的休闲娱乐空间设计作品。

## 第二节　休闲娱乐空间设计的特点

休闲娱乐和旅游设施的成功开发取决于许多因素，这些因素通常可以归纳为以下五个方面：

（1）市场：某一地域的旅游、休闲和商务活动引发了对食客日益增长的需求以及食宿供不应求的现状。

（2）经济：经济形势和金融政策的开放或紧缩状态有利于或限制投资。

（3）位置：合适场地是否容易获得，是否拥有完善的基础服务设施和开发机遇。

（4）企业：对要求进行恰当的阐释并具备成功推进项目所需资金和专家的企业组织。

（5）规划和设计：通过对设施进行详尽的设计和规划打造出一个符合市场、功能和财务准则并能够吸引客人光顾的休闲娱乐空间。

随着电梯在休闲娱乐空间的广泛使用，美国在19世纪中期就追求建造大规模的休闲娱乐空间，而这一时期，欧洲还沉迷于对于小休闲娱乐空间的追求之中，在1960年之前，还没有客房数超过500的休闲娱乐空间。到了20世纪90年代，美国的城市开始流行个性化服务的欧式休闲娱乐空间。

休闲娱乐空间规模的扩大需要考虑以下因素：

（1）建造更多的设施以弥补高额的地价。

（2）增设电梯以满足客流需要。

（3）适当增加用餐场所。

（4）地基需要更加牢固。

（5）需要结构化的停车场。

（6）后勤区的扩大和管理人员的增加。

休闲娱乐空间的规模和级别是根据市场分析、投资价值、休闲娱乐地点的生产力分析来确定的。休闲娱乐空间的规模也受资金状况、管理要素、建筑法所允许的高度及容积率等因素限制。休闲娱乐空间规模，包括休闲娱乐地点、高度和容积率不能破坏周围景观。

休闲娱乐场所大多突出不同的豪华空间的作用除了强调设施外，还强调了其他各种不同用途的空间的变化式样。

## 一、实用性

功能决定形式，形式为功能服务。休闲娱乐空间设计的实用性体现在:任何一个休闲娱乐空间的设计首先应满足实用功能的需要，特别是主要功能的需要。

## 二、艺术性

休闲娱乐空间设计仅仅满足功能上的需求是远远不够的，好的休闲娱乐空间设计往往是功能与艺术性的巧妙结合。

休闲娱乐空间设计的艺术性体现在休闲娱乐空间设计的内涵和表现形式两个方面。休闲娱乐空间设计的内涵是通过空间气氛、意境以及带给人的心理感受来表达艺术性的；休闲娱乐空间设计的表现形式主要是指空间的适度美、韵律美、均衡美、和谐美塑造的美感和艺术性。

### 1. 空间气氛和意境

由于功能、性质、使用对象营销策略等的不同，不同的休闲娱乐空间会有不同的空间气氛和意境。如休闲娱乐大堂既能给人富丽堂皇的感觉，也能给人一种亲切、温馨的氛围；同样是餐厅，中餐厅和西餐厅所营造的气氛和意境是不同的，中餐厅喜庆、热闹，西餐厅浪漫、温馨。同样是休闲娱乐卖场，不同经营类型和风格定位在空间气氛和意境塑造上也会有很大的差异性。

### 2. 心理感受

人的感知是多元性的，不仅包括空间尺度、比例、分隔、次序、色彩、体量、光影等视觉元素，还包括听觉、嗅觉和触觉等因素。即使是同一个空间，不论年龄、不同性别、不同职业、不同信仰、不同民族不同地域的人，对环境也必然有不同的心理反应和标准。

3. 表现形式

休闲娱乐空间设计的表现形式不只是简单的指选用什么装饰材料进行装修和造型设计，而主要是指如何在休闲娱乐空间设计中把握适度美、韵律美、均衡美、和谐美塑造的艺术美感。

（1）适度美不仅体现在空间大小满足使用功能的适度，还体现在家具、陈设选用及布置符合人体工程学法则的适度，以及装饰造型不过于烦琐、装饰材料不过于堆砌等方面的适度。

（2）韵律美主要是通过空间设计语言在形态上的点、线、面、体的有规律的重复变化，以及型的大小、疏密、曲直等渐变，色彩的冷暖、明与暗、纯度的高低、材质机理的不同表象层次显现等方面来具体体现的。

（3）均衡美体现为空间布局要合理，造型、材质、色彩要平衡搭配。

和谐美是指休闲娱乐空间设计每个部分的相互协调关系。从形式要素上说，无论是造型、色彩、材质、陈设等既有大小、高低、粗细等量的对比与和谐，又有软硬、直曲、角圆等质的对比与和谐。

## 三、科学性

休闲娱乐空间设计的科学性，首先体现于休闲娱乐空间设计应充分重视并积极运用当代科

学技术的成果，把新材料、新技术运用于设计之中；其次是休闲娱乐空间设计的空间划分、功能布局、选材用料以及声、光、热等物理环境的设计应该科学、合理。

## 四、 地域性

不同国家、不同地区和不同民族有着不同的禁忌和喜好，不同地域的休闲娱乐空间设计在分格、色彩和用材上也应该体现出地域性的特点。

## 五、 休闲娱乐空间特色

决定休闲娱乐空间特色的因素按三个方面分述如下：

1.　由休闲娱乐空间类型决定

由于不同类型的休闲娱乐空间对于吸引哪一类客人有着不同的目标，它的规划要求就会伴随着选择方位、规模、形象、空间标准、流通以及其他类似特点的不同而不同。举例来说，会议休闲娱乐空间和商谈中心需要接近机场，而度假村则不需要。机场休闲娱乐空间和路边的汽车旅馆需要高清晰的视野和较强的通讯信号，而会议中心、乡村旅馆、度假村以及生态旅游游客的住所则更倾向于僻静的地方。超级豪华休闲娱乐空间必须小到能营造出极为亲切的氛围，而豪华和大规模的休闲娱乐空间必须达到能符合国际标准的所需要的各项设施。休闲娱乐空间要比城市中心需要更大的设施，因为客人们呆的时间长，而且每个设施的人也较多。同其他类型的休闲娱乐空间相比，一些路边的汽车旅馆或许需要更大的餐厅以应付早餐这样的高峰点，而并不需要房间服务。以设赌场为特色的休闲娱乐空间需要闪亮的外观设计，而会议中心的设计则要相对保守。即使是相似的设计概念在每种休闲娱乐空间类型中也有不同的表现。如在城镇和郊区的休闲娱乐空间中，休息室和门厅的设计是同人们以观光为社会消遣方式相适应的，同样的目的也体现在旅游胜地中的泳池设计、会议中心的公共区域、度假村比萨饼店外的门外吧、超豪华休闲娱乐空间中的饮茶室及精品休闲娱乐空间中的超时尚休息室的设计中。

需要特别指出的是，连锁休闲娱乐空间有连锁经营的特点。连锁经营休闲娱乐空间需从其管理角度出发，要求设计师遵循一定的模式，如桌子的尺寸、门锁的高度等，管理公司的这些要求与通行的星级休闲娱乐空间标准相比，有许多更为严格，有很详细的数据。当然，这并不是在限制设计师的发挥，这些数据都是管理公司多年的经验和市场调查的结果，处处体现着人体工学和"以人为本"的经营理念。

2.　由地方性特色决定

成功的休闲娱乐空间设计不仅是满足其使用功能的需要，设计新颖，更重要的是具备其不同的地域性和文化性。先进的国际主义设计思潮的影响已使诸多地域及不同的民族具有了同一张面孔，这是极其悲哀的，如同国内的许多设计师将现代主义、极少主义、高技术主义信奉为设计原则，这是一种错误的趋势。世界之所以多姿多彩，正是由于不同的民族背景、不同的地域特征、不同的自然条件、不同的历史时期的文化而造成世界的多样性。从这一点上来讲，越具有地域性也越具有世界性。而休闲娱乐空间的设计从功能上要满足使用，这是与国际必须接轨的，换句话说，也就是具有国际相同的规范、相同的标准，以满足不同国度及不同民族的消费权及使用权，而休闲娱乐空间的精神特征文化品位则应考虑地域性及文化性的区别，这是一个休闲娱乐空间的成功所在。

3. 由业主喜好及设计师的风格来定

作为休闲娱乐空间的投资者，业主完全有理由在自己的店中体现自己的喜好，表达其企业文化和经营理念；同时，设计师的个人风格也是不能失去的。最好的情况就是业主和设计师在审美上有一定的共同语言，能够在绝大多数问题上达成一致。业主和设计师之间是一种双向选择的关系，无论是业主还是设计师，在合作之前都要进行详尽细致的沟通。

关于休闲娱乐空间特色的表现，就目前国内休闲娱乐空间业的状况来看，以传统、经典风格为特色的休闲娱乐空间占大多数，以现代、后现代、前卫风格为特色的占少数。这和国人对现代元素的接受程度、业主的喜好、管理公司的要求等有很大关系。作为设计师，一方面要坚持传统的、经典的元素；另一方面也要运用现代的手法，使传统在一种新的语言中得到更广阔的发扬。

## 第三节　休闲娱乐空间设计的发展趋势

随着科技发展，社会在不断进步，休闲娱乐空间成为人们生活的主体场所，因而使人们对居住、工作等室内环境的设计提出了更高的要求。目前，人们已从对物质享受的片面追求转向对精神生活的更多关注和需求，并呈现出以下几种主要发展趋势和动态。

### 一、绿色生态可持续发展的设计趋势

"绿色"概念是当前国内外各界广泛讨论的热点话题。如何保护人类赖以生存的环境，维持生态系统的平衡，合理、有效地利用资源，是全球关注的现实问题。这主要是由于地球环境与生态状况的急剧恶化，人们越来越认识到自身所生活的环境既要舒适、美观，又要安全、健康。因此，在休闲娱乐空间设计中，人们日益重视绿色建材的的选用与自然能源的合理利用；提倡装修设计以简洁为好，不浪费、不过于堆砌装修材料；充分利用天然采光和自然通风，为人们营造安全、健康、自然、和谐的休闲娱乐空间。

### 二、 人为本源的设计发展趋势

国民经济高速发展，人们在物质生活和文化生活得到迅速满足的同时，思想观念也发生了很大变化，早已从20世纪60年代后的"物质本源"的价值观转变为"人为本源"的价值观，非常讲究和注重自身生活环境的提升。所以，在进行休闲娱乐设计时，首先应考虑的是人们在特定休闲娱乐空间中心理和生理两方面的感受以及精神上的需求，其次才应考虑如何运用物质手段解决装修中的技术问题。

#### 1. 满足室内使用功能的需要

休闲娱乐空间设计已不仅仅是对建筑界面的美化，更多的是对室内功能、空间形态的改善。世界著名的日本当代建筑师丹下健山曾经谈到："设计一座建筑，会听到许多要求，它构成了某种随心所欲的功能要求，设计师对此应该把握住建筑的真正功能，从众多的要求中抽出那些最基本的、并在将来继续起作用的功能。"同样，在休闲娱乐空间的功能设计中，首先也应考虑满足真正主要功能的需要，在满足主要功能的前提下，再按照美的形式法则来创造休闲娱乐空间的形式美。空间过于迂回，空间过大或过小，空间层过高或过低，都是对功能性问题解决不利的方面。

#### 2. 注重绿色建材的选用

鉴于建筑装饰材料对环境的污染问题，国际卫生组织对其生产、应用规定了"环保、健康、安全"的绿色建材要求，既对室内、自然环境无污染，又对人体健康有利无害。人们现在不只是在乎装修材料的价格问题，而是把是否环保、是否由国家质检部门出具的各项指标证明、是否属于国家认定的绿色建材等问题放在首位，更加重视无污染的"绿色装饰材料"的使用。因此，在室内设计过程中，广泛选用绿色建材，严格按照"绿色装饰"，即健康型、环保型、安全型的室内装饰要求，从源头上把好防止污染的第一关，以创造环保、有利身心健康的室内环境，这是对设计人员在工作职责和职业道德上的基本要求。

3. 注重理想物理环境的创造

建筑物理环境的好坏，是室内设计成功与否的重要组成部分，人们在所处的各种空间环境中，总是伴随有热、光、声等物理环境因素的刺激，建筑的制冷、采暖、通风、照明等物理环境的好坏直接影响人们生理和心理的健康。

理想的采光照明、通风系统、制冷和采暖设施不仅有利于人的身体健康，而且有利于提高人的工作效率。如果在通风不好、很热的环境中工作，人很容易烦躁，工作效率也会很低。

4. 注意人的心理情感需要

休闲娱乐空间中不同的颜色、尺度、材质、造型、陈设、物理环境等因素给人的心理感觉是不一样的，不同年龄、性别、职业、地域、民族、信仰及经历的人对同样的休闲娱乐空间也会有不同的心理反应和要求。世界顶级美国建筑艺术大师约翰·波特曼先生曾说过这样一句话："如果我能把感觉上的因素融汇到设计中去，我将具备那种左右人们如何对环境产生反应的天赋感应力，这样，我就能创造出一种人们所知接感觉到的和谐环境。"由此可见研究人的心理情感对环境设计的影像以及运用于实践的重要性，因而也要求设计时注意运用各种理论和手段去冲击和影响人的情感，创造适宜的休闲娱乐空间。

5. 注重自然景观的再创造

优美的风景、清新的空气既能提高工作效率，又可以改善人的精神状态。随着人类对环境认识的深化，人们越来越强烈地意识到环境中自然景观的重要。无论是建筑内部，还是建筑外部的绿化和绿化空间，无论是私人住宅，还是公共环境，幽雅、丰富的自然景观，天长日久都能对人的精神状态产生重要影响。因此，回归自然成了现代人的追求，人们正努力地将自然界中的植物、水体、山石等引入到室内外环境设计中，在人类生存的空间中进行自然景观的再创造。

## 三、体现民族化、本土化的文化特色设计趋势

文化是地域、民族、历史、政治所决定的人类知识、信仰和行为的整体，包括语言、思想、信仰、设计的整个潮流。

我国是一个具有悠久历史的文明古国，由于不同地域和历史状况的特殊性，形成了不同的文化特征；同样，室内环境设计也会因受到地区、历史、文化等条件的影响形成不同的风格和特点，我们在吸收、接纳外来文化的同时，还应充分表现本民族的特点。中国传统工艺装饰图案、建筑、民间工艺品、服饰等造型、色彩都是我们设计可借鉴的资料和生产设计创造灵感的源泉。在进行休闲娱乐设计时，因融合时代精神和历史文脉，发扬民族化、本土化的文化，用新概念、新意识、新材料、新工艺去表现全新的中国休闲娱乐空间设计，创造出既有时代感又具有地方风格、民族特点的内部环境，这是时代的需要。

## 四、高科技化的设计趋势

现在，新型建筑材料层出不穷，新的科技产品正在改变着人们的生活，一些新的节能材料

和更具环保性能的材料随着可持续化发展战略的提出，不断出现。譬如，用某种材料吸热降温，利用构造通风和降温等是目前设计正在尝试的技术。

现代科技的运用使室内设施设备、电器通讯、新型装饰材料和五金配件都具有较高的科技含量。新技术和新材料极大地丰富了室内设计环境的表现力和感染力，使设计师的设计有了更广阔的发挥天地，除了为艺术形象上的突破和创新提供了更为坚实的物质基础外，也为充分利用自然环境、节约能源、保护生态环境提供了可能。人们可以利用科技将人文、艺术、自然、形态元素等空间内涵结合在一起，运用于人们的生活环境中，创造出新的艺术形式和生态环境。

### 五、强调动态的室内设计观念趋势

当今社会，人们的生活节奏日益加快，装饰材料、设施设备、构造方式等在不断更新换代，从而对休闲娱乐空间不断提出新的挑战，特别是与建筑设计相比，室内设计更新周期短且快，与时间因素的关系更为紧密。因此，在室内设计领域里，"动态设计"、"弹性设计"等新的设计观念不断涌现，这就要求设计时应树立全新的设计观念，认真考虑因时间因素引起的对室内功能、界面构造与装饰材料选用和施工方法等一系列相应的问题，考虑将来变化的可行性。在选材时，反复推敲，综合考虑投资、美观和更新的因素。比如，家具的设计和选用应考虑活动式或能拆装式的为好。进行室内设计时应尽量考虑通过家具、陈设、绿化等内含物进行

室内空间装饰，减少固定装修部分，增加内部空间动态变化的可能性和方便性。

## 六、 多元化设计风格流行的趋势

设计师在休闲娱乐设计的过程中经常会受流行风格或流派的影响，"现代主义"、"后现代主义"建筑设计风格的变迁一直影响着室内设计的设计风格和流行，但室内设计发展到今天，已经很难用一个固定的模式和风格来统一，室内设计使用对象不同、建筑功能和投资标准的差异等因素也影响着室内设计多层次和多风格的发展。多元化的室内设计是当今社会的一个整体趋势和典型特征，反映出当今世界室内设计的整个潮流。

## 七、业主及大众参与的设计趋势

在专业设计进一步深化和规范化的同时，业主及大众参与的势头也将有所加强。休闲娱乐设计所面对的主体对象多是具有强烈特殊性格的个人，不同的业主和投资者有不同的设计构想目标，不同的项目投资理念势必影响最后的设计效果。设计师应充分尊重业主对设计的具体功能、艺术和技术要求，给予准确的设计定位。设计作品要以能为业主带来经济利益或满足业主的需要为价值取向，这样才能使作品的使用功能更具实效、更为完善。

**课后习题：**

1. 简单例举休闲餐饮空间的影响因素及遵循原则。
2. 通过查阅资料，简单概括空间范围、特色。
3. 制作一份休闲餐饮空间的市场调研报告。

# 第二章　休闲娱乐空间设计基础

**学习目标：**

本章主要从不同角度介绍了空间类型及其特色，在了解一定空间意识与心理的层面上，运用形态与艺术空间造型，并对休闲娱乐室内空间创造的分隔进行分析与讲解。

**重点难点：**

把握现代市场休闲娱乐空间设计的意识与心理特点，把握空间形态与艺术造型。

## 第一节　空间类型

空间的类型有很多种，从不同角度分类会有不同的分法，下面我们主要从空间的使用性质、界面形态、空间的确定性、空间的心理感受这四个方面来进行分类和阐述。

### 一、从空间使用性质上分类

从空间使用性质上分类可分为共享空间与私密空间。

"共享空间"是美国著名建筑设计师约翰·波特曼根据人们的交往心理需求而提出的空间理论。共享空间主要表现为室内的多个序列空间连通，形成多个空间共享一个空间的构成形式。其特点是：外中有内，内中有外，大中有小，小中有大，往往是购物中心、酒店等大型公共建筑的公共活动中心和交通枢纽。

私密空间是指不管是谁活动其中，都能够不被外界注意和观察到的一种空间形式，如餐厅的包房及娱乐场所的包房等。

## 二、从空间界面的形态上分类

从空间界面的形态上分类可分为封闭空间与开敞空间。

用空间限定度较高的围护实体包围起来，在视觉、听觉等方面都具有很强的封闭性和隔离型的空间，我们称为封闭空间。

开敞空间和封闭空间是相对而言的。开敞空间的围合面多为开敞、通透的虚面，限定性和私密性较弱，强调与周围环境的交流和渗透，无论从视觉还是听觉上都与周围空间有直接的联系，通常采用中国的传统建筑和园林中的借景、透景等手法来满足对空间的审美需求。从心理感觉上，封闭空间有很强的安全感、区域感和私密感；开敞空间给人以轻松、活跃、流动性强的心理感受。

开敞空间通常可以分为内敞开和外敞开两种形式。

（1）内部敞开空间

将空间的内部抽空形成内庭院，内庭有用玻璃或阳光板覆盖顶部的，也有不带盖的，内庭与周围空间常利用玻璃隔墙或列柱、回廊等结构互相渗透和融合，把山石、水景、绿色植物等室外景观引入室内，具有较强的自然气息，足以满足现代人向往自然、与自然和谐相处所需要的理想境界。目前，很多宾馆、商场、餐饮空间都采用这种内庭院的设计方式。

（2）外敞开空间

它是指空间内侧界面有一面或几面甚至顶面与外界通过玻璃或窗洞等通透形式，将室外景观借入室内空间，使内外空间融为一体。

## 三、从空间的确定性上分类

从空间的确定性上分类可分为虚拟空间和虚幻空间。虚拟空间是一种"心理空间"，无明

显界面，但有一定范围的建筑空间。虚拟空间主要是通过部分形体的启示，依靠联想来划分空间的。可以借助家具、陈设、梁、立柱、隔断、绿化、水体、照明、色彩以及不同的材质、界面的凹凸、抬高或降低地面的落差效果等变化来形成虚拟空间。

虚幻空间是利用镜面玻璃的折射和映射给人产生的虚像空间的感觉。比如，可以通过在狭小的房间安装玻璃墙面，扩大空间感。

### 四、从空间的心理感受上分类

从空间的心理感受上分类可分为动态空间和静态空间。

动态空间是指利用建筑中的一些元素或者造型形式等造成人们视觉或听觉上的运动感。动态空间一般有两种类型：一种是利用电动扶梯、喷泉、瀑布、灯光的变化形成真正意义上的"动态"空间；另一种是利用人的视觉心理和视错觉，借助点、线、面、体、颜色等视觉感受来形成动态空间。

静态空间是相对于动态空间来说的。静态空间的空间限定性较强，趋于封闭性；常采用对称式、垂直水平式，较少采用斜线、流线型的空间界面处理方式；空间的色彩多淡雅和谐，较少采用过于鲜艳的色彩；光环境设计比较柔和，较少有眩光；装饰简洁。

空间除以上分类还有可自由伸缩、变化大小的弹性空间等其他空间类型。

## 第二节　休闲娱乐空间设计的知识结构

### 一、空间及心理

人是空间的主体，人在不同环境中的心理反应是不同的，我们在空间设计过程中，应该按照人的行为特征、心理特点，根据人的需求、行为规律、心理反应和变化等因素来进行空间的构思，设计、创造出人性化的休闲娱乐空间。作为现代市场休闲娱乐空间设计，应充分体现以下设计意识和心理特点。

1. 领域意识

人出于本能，都存在领域意识和心理空间，在进行休闲娱乐空间设计时，对空间的内部分隔、家具布置陈设摆放等都应考虑人的领域意识方面的因素。

2. 安全意识

在公共活动场所，人们都有意识的防卫心理。如人们都愿意坐靠墙的沙发休息或等候；层高过矮的空间给人以压抑感，使人们不愿意久留。

3. 私密性

人们在公共场所活动，都有不同的私密要求。如餐饮空间在大门入口处常设有屏风，以免人对大厅一览无余。一般情况下，人们就餐时，大厅与包房比较，人们都喜欢在包房就餐，即使是在大厅就餐也尽量选择靠墙边和尽端的餐桌吃饭。在酒吧，人们通常喜欢坐在灯光较暗的地方。

　　4. 从众意识

　　人是有从众心理倾向的，在进行休闲娱乐空间设计时，应特别考虑人的从众心理，组织并设计好交通流线、消防通道标志等。

　　5. 喜新心理

　　人一般都有喜新、好奇的心理，这就要求我们在进行休闲娱乐空间设计时，应有创新意识，有自己的风格和特点。即使是设计同样大小的餐厅包房、卡拉ok包房、桑拿按摩房等空间时也可以在造型、风格、材质和花色等方面加以区别，使客人每次光顾都能产生不一样的感觉。

## 二、形态及艺术空间造型

　　1. 空间的尺度与比例

　　空间体量尺度的把握，既要注重使用功能的空间尺度，还要满足精神功能的空间尺度。

　　2. 空间的对比与变化

　　空间的对比包括空间体量、形状、层高、开敞与封闭等方面的对比，空间的对比变化除了有使用功能上的需求外，可以丰富空间形态，使空间不过于平淡。

### 3. 空间的抬高与降低

利用抬高与降低的空间处理方法，造成地面的高度差，形成区域空间感。如酒店大堂的咖啡茶座常利用抬高的方法进行空间划分；舞厅、舞池则常利用降低的方式进行空间划分。

### 4. 空间的引导与暗示

引导与暗示是空间设计中艺术化的处理方式，主要是利用人的心理特点和习惯使其能够按照预先设计好的路线运动前行。常用的空间暗示手法有以下几种：

（1）借用道路、楼梯引导人们前行。商场卖场尤其要注意通道的设置，避免有顾客不需要进去的死角区。

（2）利用空间的片段和通透分隔以及曲线形的墙面，暗示下一个空间的存在，利用人的期待心理，引导人们前行。

（3）利用空间的界面处理产生引导性。例如，利用天棚、地面、墙面等具有方向性的形态造型或图案、色彩设计引导人们前往。

（4）利用空间界面的装饰材料和灯光设计来产生引导性。

### 5. 空间的渗透与层次感

利用玻璃做墙体，或采用其他虚体的隔断手法，使空间互相渗透，你中有我，我中有你，虚实相生，能增加空间的层次感。

## 三、休闲娱乐室内空间创造的分隔形式与方法

合理的组织与分隔空间是休闲娱乐空间设计的重要内容。空间的分隔形式多种多样，结合具体的空间类型和使用功能，采用不同的分隔形式就可以创造出不同的空间效果。空间的分隔主要有以下几种形式：

### 1. 绝对分隔

绝对分隔是指利用砖、轻钢龙骨石膏板等各种墙体材料对空间的绝对分割，也称通隔。这种分隔形式界限明确，私密性和隔离性强，声音、视线均不受外界干扰。

### 2. 局部分隔

局部分隔是指利用隔断、不到顶的隔断等片段的面划分空间，分隔空间的界面只占空间界限的一部分，也称半隔。较高的家具或陈设设施通常也作为局部分隔的手段。局部分隔使空间隔而不断，具有连贯性，其限定度的强弱取决于界面的大小、材质、形态等因素。

3. 弹性分隔

弹性分隔是指利用家具、陈设、绿化、垂悬物（如帷幔、垂帘）等手段"弹性"分隔空间。这种分隔形式可以根据使用需要灵活调整空间分隔。

4. 虚拟分隔

虚拟分隔是指利用吊顶造型、灯光（照明）、列柱、栏杆、景观小品（水体、绿化等）、地面高差、不同的材质、色彩等手段从心理角度上象征性地分隔空间。这种分隔方式可以很好地保持空间的开敞性和整体感。

在休闲娱乐空间设计中，往往会综合运用空间的不同分隔方式创造出不同的形态空间，以满足设计的需要。

课后习题：

1. 简单例举现代市场休闲娱乐空间设计的几种典型意识与心理特点。

2. 复习休闲娱乐室内空间创造的分隔与方法。

3. 复习休闲娱乐空间的类型及其特点。

# 第三章　休闲娱乐空间的设计程序与表达

**学习目标：**

掌握休闲娱乐空间的设计程序及流程，并深入理解休闲娱乐空间的设计表达的几部分内容。

**重点难点：**

基本掌握休闲娱乐空间的设计表达，完全把握休闲娱乐空间的设计程序及流程。

## 第一节　休闲娱乐空间的设计程序

休闲娱乐空间根据设计流程，主要分为四个阶段：设计前的准备工作阶段、方案设计阶段、施工（详）图设计阶段和设计的后期工作阶段。

### 一、设计前的准备工作

#### 1. 市场调研

在准备设计项目前，一个很重要的工作就是了解和调研同类休闲娱乐空间项目的设计风格、空间布局、社会评价等，以便在设计时能扬长避短，突出自己的特色。

另外，要对建筑装饰材料、家具、装饰配件等进行调查了解，在设计中除采用常规材料外，还应多使用新型材料和新的产品，把握时代潮流。

此外，要了解与项目设计有关的设计规范、标准及相关知识，比如防火、防盗、空间容量、采暖及电器系统等方面的知识。

#### 2. 实地勘测

不管设计的是什么类型的休闲娱乐空间，都需要进行实地调查与勘测，以便了解建筑空间的各种自然状况和制约条件。比如，外立面建筑造型的建筑梁、柱、门洞等结构状况及空间尺寸比例，相邻建筑、朝向、窗外视野、采光、气候条件等环境状况，消防、空调等设施可能对吊顶设计造型的影响，等等。

在现场勘测时，应带上笔、卷尺、速写本和建筑图纸，最好还要带一部照相机，对现场空间的各种空间关系现状做详细记录，对建筑质量、空间布局、基础设施以及配套设备等做全面了解。对于空间结构复杂的建筑，还可以进行录像记录，以便发现问题，并找到解决问题的方法。

#### 3. 明确设计目的和任务

设计时在项目设计前应先明确了解工程项目的使用性质、功能特点、规模、定位档次和投资标准等相关内容，并尽可能多地了解使用方的有关要求和想法，避免只按主观意思设计，最终导致设计失败。

## 二、方案设计阶段

### 1. 建筑规模形态、空间、结构

从建筑规模方面考虑，高层建筑与低层建筑、新建建筑和改建建筑有所区别。

（1）高层建筑与低层建筑

高层建筑：集中，相对容易；低层建筑：建筑群，考虑的因素要更多一些。

（2）新建建筑和改建建筑

新建建筑相对容易一点，室内设计师在建筑规划只是就开始介入，让建筑尽量满足设计师的要求；改建建筑不一定是按酒店功能的意图建造，在功能的设置、流线的排布等方面都会受到很大的限制，更为重要的是会影响到设计的效果。

### 2. 草图构思

草图构思是开放性的设计阶段，是整个设计过程中至关重要的一环。设计师应根据先前获得的各种相关资料、数据，结合专业知识、经验，搜集运用与设计有关的资料与信息，从中寻找灵感，并通过创造性的思维形式，不拘泥单个的构件或细节，自由地表达自己的设计思路，最终从多个草图设计方案中选出较佳的设计方案，再进行不断的否定、修改和完善。

### 3. 方案设计

设计方案图不同于草图，草图注重设计思维的表现，不太讲究尺寸比例、制图规范等，只讲大致，其准确性与严谨性不太强。设计方案图是草图的进一步具体化和准确化，不管是手绘还是计算机绘制，都要求有准确的尺寸、合适的比例和制图规范。这一阶段是工程项目能否中标的关键。

设计方案图一般包括平面图、吊顶图、主要立面图、透视效果图以及目录和设计说明。方案设计图不能完全作为施工的依据，其作用只是明确地表达出所设计的休闲娱乐空间初步设计方案。

## 三、施工图的设计阶段

设计方案图经过投资方、使用方、有关专家的研究与讨论，如果被审核通过，就要进一步修正完善方案图，将设计方案图中所确定的内容进一步具体化，进入施工图设计阶段。施工图是沟通设计方案和施工之间的桥梁，其重要作用是为现场的施工、施工预算编制、设备与材料的准备保证、施工质量和进度，提供必要的科学依据。

施工图最主要的是局部详图绘制。局面详图是平面、立面或剖面图任何一部分的放大，主要用来表达平面、立面和剖面图中无法充分表达的细节部分，包括节点图和大样图，一般用较大的比例尺寸绘制。

## 四、设计实施阶段

设计经过施工详图设计阶段以后，下一步就会进入设计施工阶段，即工程施工阶段。工程施工前，设计师有责任向施工方解释施工图纸并进行技术交底工作。在施工过程中，还要经常指导施工方按图纸进行施工，并对与现场出入很大的设计进行局部修改或补充；要协助施工方挑选、购买装饰材料及家具、灯具等相关设施。施工结束应配合质监部门和使用单位（建设单位）做好对工程的检查验收工作。

## 第二节　休闲娱乐空间设计流程

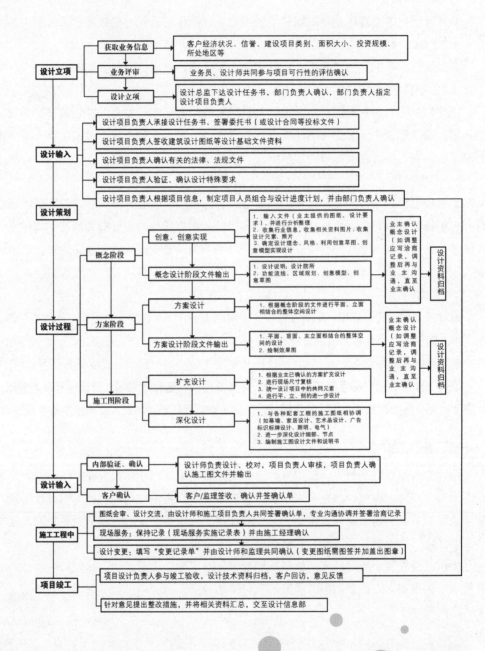

## 第三节　休闲娱乐空间的设计表达

一个休闲娱乐空间项目的设计表达，从方案的设计阶段到施工图的完成，通常有以下内容组成：

### 一、封面

封面的内容应包括工程名称、图纸的性质（方案图、施工图、竣工图）、设计单位名称（也可以附加可以突出设计单位形象的徽标和其他图形）、时间等。

### 二、设计说明

设计说明可以从两个方面来写：一是可以从设计项目的位置简介、功能定位、风格诉求、已经描述、实施手法等方面来陈述；二是可以从设计选用的材料性能、工艺程序、建造参数等技术规范的内容来写，切忌空洞、说大话。

### 三、图纸目录

图纸目录应该由图纸顺序号、图纸名称、页码三部分组成。图纸目录应严格同设计图纸和图号相对应。

### 四、平面图

平面图，通常是指在建筑高度1200mm左右的位置做水平切割后，移开顶部和上部分所呈现的空间内部结构件布局。平面图是其他设计图的基础，主要用于表现空间布局、交通流线、家具陈设摆放、墙壁和门窗位置、地面铺装形式等。在具体设计时，根据图之复杂程度，常常把平面功能布局和地面材质分开来绘制。

根据图纸大小，平面图的常用图比例是1:50，1:100，1:150，1:200。

### 五、顶面图

顶面图与平面图一样，都是室内设计的重要表达内容，所表现的是吊顶在地面的投影状况。其表达内容主要有层高、吊顶材质、造型及尺寸、灯具及位置和空调风口位置等。

顶面图的常用图比例同平面图，也是1:50，1:100，1:150，1:200。

### 六、立面图

立面图是用于表达墙面隔断等空间中垂直方向的造型、材质和尺寸等相关内容构成的投影图，能清楚地反应出室内立面的门窗、壁面、壁橱、装饰物以及设计形式和装修构造。除墙面固定的家具和设备外，立面图中可以不表现能移动的家具和设施。

立面图的常用图比例是1:20，1:30，1:50 。

【绘图要点】

（1）立面图的暗装灯具用点画线表示，门的开启方向用虚线表示。

（2）同一个空间的立面图表达时，绘图比例应统一，编号最好按顺时针方向排列。

（3）立面图有特殊造型的地方，应标出剖面或大样索引符号。

（4）单面墙身不能在一个立面完全表达时，可以选择墙面造型工艺简单的地方用折断符号断开，并用直线连接两段立面。

## 七、大样图、剖面图

大样图主要是对于有特殊造型的吊顶、地面、墙立面局部设计表达的放大表达，便于详细尺寸的标注和材料说明。剖面图主要是用来表达吊顶、墙立面等造型的具体施工结构图。

大样图、剖面图的常用图比例是1:1，1:2，1:5，1:10，1:20。

【绘图要点】

（1）所有的剖切符号方向要与其剖面大样图一致。

（2）大样图、剖面图均应详细标注尺寸、材质及做法。

## 八、透视效果图

透视效果图是设计方案中非常重要的一部分，它最能清晰地表达设计师的设计意图。效果表现较好的透视效果图能引起业主和方案评定者的关注，帮助工程项目的顺利承接。透视效果图表现方式可以手绘表现，也可以电脑表现。

（1）手绘效果图

手绘效果图的特点是生动、概括、表现速度比电脑效果快，能激发设计师的灵感。其表现手段主要有水粉、水彩、马克笔、钢笔淡彩、喷绘等。手绘效果表现是设计师的基本功之一，能展示设计师的才气和艺术修养。马克笔、彩铅结合钢笔绘图快速表现，成了目前手绘效果图的主要表现手法。

（2）电脑效果图

电脑效果图最大的特点就是直观、一目了然，能够真实准确地表现设计意图。但是绘制电脑效果图速度较慢，画面没有手绘图表现生动。

当然，休闲娱乐空间的设计图除了前面所讲的主要表现形式外，还可以通过轴测图、模型、虚拟三维动画的形式来表现设计意图和构想，这里不作重点讲述。

**课后习题：**

1. 练习并掌握休闲娱乐空间的设计表达的几种手法。

2. 简单归纳休闲娱乐空间的设计程序及流程。

3. 练习快速归纳及表现基本空间的方法。

# 第四章 休闲娱乐空间设计

**学习目标：**

　　了解目前休闲娱乐场所的市场需求及空间规划情况，通过对酒吧、健身房、游泳池、酒店大堂、餐饮空间的深入学习，掌握其设计要点。

**重点难点：**

　　把握休闲娱乐空间的基本规律，重点掌握目前常见的最典型的娱乐空间设计的基本要点，并合理地将这些基本规律、要点应用于设计中。

## 第一节　休闲娱乐空间规划

　　目前，游泳池、健身房已经是高星级酒店的标准配置，它们为住店客人提供免费服务，这是酒店品质的保证。这虽然是非盈利的服务项目，却也是我国星级酒店评定的重要标准。

　　现在酒店还提供样式繁多的休闲娱乐场所，如洗浴中心、室内高尔夫、桌球、乒乓球、网球、酒吧、雪茄吧等，有的酒店甚至还有滑雪场、游艇。调查显示，在大部分酒店，顾客使用这些娱乐设施的频率并不是很高，但是大部分旅客又希望酒店能够提供这些设施。因此，开发商还是会以各种方式为旅客提供这些娱乐设施。为了提高娱乐设施使用率，一些经营商不仅反复向酒店的客人推荐，而且还向社会推广。在竞争激烈的市场中，这对酒店来说又是一项可收

益之处。

　　就目前常见的高星级酒店来看，酒吧、游泳池、健身房是最典型的娱乐空间，本章将以这三类空间为主进行介绍。

## 第二节　酒吧设计

　　一个城市的建筑的美感，大处在于楼厦的雄伟，小处则在于酒吧、茶座等玲珑空间的个性化风格。这是整个城市品位的倾向和文化在建筑上的具体反映。一流的设计风格是以个性的出类拔萃赢得普遍的喝彩。

　　一个较大的酒吧空间可利用天花的升降、地坪的高差，以及围栏、列柱、隔断等进行多次元的空间分割。

　　实体隔断如墙体、玻璃罩等的垂直分割成私密性比较强的酒吧空间；隔透性隔断，如各种形式的落地罩、花窗隔层，既享受了大空间的共融性，又拥有了自我呵护的小空间；列柱隔断，可构成特殊的环境空间，似隔非隔，隔而不断。

　　灯饰区隔空间，利用灯饰结合天棚的落差来划分空间，这种空间的组织手法，使整体空间具有开放性，显得视野开阔，又能在人们心理上形成区域性的环境氛围。

　　地坪差区隔空间，在平面布局上，利用改变局部地区的标高，呈现两个空间的区域，有时可以和天花板对应处理，使底界面、顶界面上下呼应共造空间，也可与低矮隔断、绿色植物相

结合，构成综合性的空间区隔手法，借以丰富空间、连续空间。

　　酒吧的空间设计敞开型（通透型）则风格豪迈痛快，隔断型则柳暗花明，无论哪一种布局都必须考虑到大众的审美感受，细腻地吻合着大众的口味，又不失宣扬个人主张。

　　时代的节奏步履匆匆，人们对优美的设计会产生迷恋情绪，乃至最大限度地实现其商业目的。

　　开敞空间是外向的，强调与周围环境交流，心理效果表现为开朗、活泼、接纳。开敞空间经常作为过渡空间，有一定的流动性和趣味性，是开放心理在环境中的反映。

　　封闭空间是内向的，具有很强的领域感、私密性，在不影响特定的封闭机能下，为了打破封闭的沉闷感，经常采用灯窗来扩大空间感和增加空间的层次。

　　动态空间引导大众从动的角度看周围事物，把人带到一个由时空相结合的第四空间，比如光怪陆离的光影、生动的背景音乐。

　　在设计酒吧空间时，设计者要分析和解决复杂的空间矛盾，从而有条理地组织空间。

　　酒吧空间应生动、丰富，给人以轻松雅致的感觉。

　　吧台是酒吧空间的一道亮丽风景，选料上乘、工艺精湛，在高度、质量、豪华程度上都是所置空间的焦点。吧台用料可以有大理石、花岗岩、木质等，并与不锈钢、钛金等材料协调构成，因其空间大小的性质不同，形成风格各异的吧台风貌。

　　从造型看有一字形、半圆形、方形等，吧台的形状视空间的性质和建筑的性格而定。酒吧的吧台是其区别于其他休闲场所的一个重要环节，它令人感到亲切和温馨，潜意识里传达着平

等的观念。与吧台配套的椅子大多是采用高脚凳，尤以那类可以旋转的为多，它给人以全方位的自由，让人放松情绪。

灯光是设计不可忽视的问题，灯光是否具有美感是设计成败的因素之一。环境的优美能直接影响到人们的心情，这就不能不在采光方式上动足心思。

采用何种灯型、光度、色系，以及灯光的数量，达到何种效果，都是很精细的问题。灯光往往有个渐变的过程，就像婀娜的身姿或曲线的情绪，在亮处看暗处，在暗处看亮处，从不同角度看吧台上面的一只花瓶获得的感观愉悦都不尽相同。灯光设置的学问在于横看成岭侧成峰，让人感觉到变幻和难以捕捉的美。

如果说采光是美人的秋波，酒吧的室内色彩就是她的衣裳。人们对色彩是非常敏感的，冷或暖，悲或喜，色彩本身就是种无声的语言。最忌讳看不分明设计中的色彩倾向，表达太多反而概念模糊。

室内色彩与采光方式相协调，这才有可能成为理想的室内环境。

构成室内的要素必须同时具有形体、质感、色彩等，色彩是极为重要的一方面，它会使人产生各种情感，比如说红色是热情奔放，蓝色是忧郁安静，黑色是神秘凝重。

壁饰是酒吧氛围的构成因素，如果酒吧氛围是暖调的可以用壁饰局部的冷调来协调整个空间的格局，它同时增加了表达内容。采用多幅或大幅装饰壁画充填墙体，既反映了特定的环境，还满足了人们不同的欣赏需求，从而刺激消费。

利用室内绿化可以形成或调整空间，而且能使各部分既保持各自的功能作用又不失整体空间的开敞性和完整性。现代建筑大多是由直线和板块形所组合的几何体，感觉生硬冷漠。

利用室内绿化中植物特有的曲线、多姿的形态、柔软的质感、悦目的色彩、生动的影子，可以使人们产生柔和的情绪，从而改善大空间的空旷感。墙角是一个让人不太经意的细节，然而细节往往是最动人的，也是最细腻的。大多数设计者都会采用绿化来消融墙角的生硬感，显得生机盎然。室内绿化是主要利用植物并结合园林中常见的手法，组织完善美化它在室内所占有的空间，协调人与环境的关系。攀援植物是墙面上很好的装饰品，这在阳光充沛的室内空间里是有可能实现的。

个性的风格是酒吧设计的灵魂，就像人类的思想。酒吧文化从某中意义上来讲是整个城市中产阶级的文化聚集场所，它最先感知时尚的流向，它本身自由的特性又吻合了人们渴望舒缓的精神需求。

酒吧的设计风格应个性鲜明，主题鲜明的酒吧设计能有力地宣扬个性化的风格，从而达到强化顾客印象、争取好感的目的。

苏州有个诺曼底酒吧，其主题就直指二战时盟军登陆诺曼底的盛况。它是一个地下室建筑，盘旋而下的楼梯层层深入，造成了视觉上的延伸。最上面一层起到过渡式的欢迎作用；中间一层是多间的独立包厢，适合于私密性的聚会；底下是吧台以及相应设施。整个酒吧充满了二战时的感觉，招贴画、旗帜，还有小型的舰艇，林林总总的有关二战主题的军事化饰物琳琅满目，无一不传递着浓重的战时氛围。诺曼底酒吧主题鲜明，意识强烈，散发着对胜利的欢欣，对和平的渴望。诺曼底不仅空间设计合理且独到，在酒吧个性化风格上更是独树一帜，具有国际气息。

1. 酒吧服务种类

就设计而言，用来提供酒类和其他饮品服务的酒吧很独特，根据用途可以分类如下表：

| 项 目 | 运用实例 | 主要特征 |
| --- | --- | --- |
| 广泛的柜台服务 | 服务吧台用来满足剧院和娱乐场所比较集中的需求 | 有多个服务点极其实用，给人群和排队留出空间 |
| 有限的柜台空间 | 休息厅和夜总会的酒吧间比柜台服务空间有更多的座位 | 对于这一地区所举行的活动是一种补充，其设计要利于社交活动 |
| 可以消遣并彼此表示亲热的间接活动 | 鸡尾酒酒吧，宾馆中独具特色的顾客酒吧间及酒馆等饭店和休息厅，为等待服务的顾客分发食品 | 突出某种特色，其设计要吸引大家的兴趣，小型柜台区域，将工作的存储空间都隐蔽起来，具有实用性 |
| 食品和饮料服务区 | 提供柜台服务 | 小型烹饪设备，柜台的一部分用来陈列食品及进行食品服务 |
| 可移动柜台 | 暂时搭起，为会议、宴会、舞会以及户外餐会提供服务 | 柜台下面存放食品的空间以及便携式设备 |

2. 吧台设计

吧台通常是人们注意的焦点，因此，设计要具有引人注目的特色。吧台还必须满足实际需求，在局限的区域内要适合于工作。

## 第三节 健身房设计

健身房为客人提供必须的健身设备，并配有更衣及淋浴区。由于健身房与游泳池是免费为住店客人服务的，因此，这两个区域一般会设在相邻的区域，相互连通，并设公用更衣及淋浴区。

健身设备大致分为三类：

（1）心血管锻炼、塑身、拉身、健康改善。

（2）体重训练、强身和提高毅力。

（3）体操活动、墙壁扶手、蹦床。

由于市场不断开发新设备，场地布局应具有灵活性，以满足未来的需要。设备通常成排式摆放在房间的两侧或三侧，至少在一面墙壁上安装镜子，在墙扶手前留有自由活动的空间。设备间隔至少1m。

## 第四节　游泳池设计

酒店的游泳池是吸引人的关键场所，因为游泳池不仅可供人休闲，还可用于观赏。游泳池的形状很灵活，可与自然风光、植物园、连接水池、喷泉和其他特色结合在一起。在大型度假区，单独游泳池或连接部分可以供游泳者和非游泳者使用，同时在视线范围内另设儿童划船和嬉水区。

游泳池设计要点分述如下：

（1）位置

不必经过大堂，可有电梯进入。城市酒店的游泳池一般位于室内，度假酒店的游泳池一般位于室外，如海边、沙滩或花园的背景之中，可作为客房、咖啡厅、酒吧的一个观赏点。无论是室内还是室外，游泳池要遮挡外部视线，保证私密性。

（2）朝向

尽可能受到阳光的照射，从早晨到傍晚。在猛烈的季风的情况下要屏蔽。

（3）规格

大型酒店和度假区，游泳池规格一般为25m×12.5m；大型酒店，规格可为15m×8m；小型酒店，游泳池规格一般为9m×4.5m。

（4）甲板

离出游泳池的地方至少有1.2m的间隔。从包括日光浴3.2m宽增加到大型游泳池的6.2m。

（5）深度

用符号标记。缓坡0.9~1.8m，加深到2.4m或统一为1.2m。跳水区必须加深。

（6）排水

泳池溢出的水由嵌入式的外侧管道或表面的隔栅排出。

（7）特色

水下照明、瀑布和喷泉的照明、无影安全灯具等，所有照明和线路均采用防护措施，竖立安全告示牌。游泳池设酒吧，需临近游泳池或位于泳池延伸处。

（8）配套

淋浴区、衣柜、更衣室、毛巾用品、车间和设备配有服务通道、保安设备、电话和急救室。

关于游泳池设计规范，以前遵守的是建设部于1989年颁布实施的《游泳池给水排水设计规范》（CECS14:1989），目前该规范已过时。最新的设计规范是建设部于2008年颁布的《游泳池给水排水工程技术规程》（CJJ122-2008），本规范已由中国建筑工业出版社于年2009出版，具体内容可以参考。

# 第五节　酒店大堂设计

在酒店的公共空间中，大堂是给客人留下印象最深的场所，是酒店的脸面，代表酒店的整体形象；从功能而言，大堂又是整个酒店的重要枢纽，客人出入基本都要经过这里；对设计师来说，大堂不论是大是小，是正式还是随意，它的风格代表了整个酒店的设计方向。

大堂是星级酒店、饭店的中心，是顾客对酒店、饭店第一印象的窗口，主要由入口大门区、总服务台、休息区、交通枢纽四部分组成。设施主要有总服务台、大堂副经理办公室、休息沙发、钢琴、饭店业务广告宣传架、报架、卫生设施等。

大堂的设计要平衡两个因素：视觉效果、实用性。在20世纪初，大酒店的大堂都设计得比较小，一直到1976年佐治亚的亚特兰大海亚特酒店开业，不论是会议酒店、综合酒店，还是旅游酒店、机场酒店，都开始建造面积较大的大堂。到了20世纪末，随着酒店的专业化越来越强，有些酒店又开始追求较小的大堂，尤其是超豪华酒店。因此，建筑首先要明确大厅的规模、气氛及形象。

大堂往往构成酒店所有活动的中心。通过设置合理的服务桌或者服务台，大堂集流通、聚会和等候等功能于一体，直接将客人引向提供接待、信息和出纳服务的前台。大堂的面积取决于酒店的面积和档次、使用大堂的活动范围和客人到达的形式。这些因素一般与客房数量有着密切关系。

在与容纳人数的关系上，大堂的面积将成为限定住宿人数的标准，除此之外，根据设施的等级、其他公共部门的规模和大堂的位置关系等，还将会有所变化。国际旅游酒店建设法的标准是每位客人0.4平方米，一般酒店都要达到0.6～0.8平方米。因为大堂本身不是作为酒店的营利部分来使用，所以应给大堂分出多大的空间，这在整个酒店形象的部分，必须与投资方进行充分的协商。

将酒吧、餐厅、零售店设在大堂内，可以使大堂在保持原有面积的情况下增加营业内容，让大堂充满商业气氛，这也是目前大多数酒店的通行做法。亚特兰空间大建筑师约翰·保特曼将这一理念称为"共享空间"，其他的大厅功能区可以用作不同的活动空间。大堂的各个功能区要运作成功，就要明确各个功能，以便客人在最短的时间内熟悉酒店。

酒店在规划上的要求是相似的。除了创建酒店形象外，大厅还是主要的人流区，指引客人去前台、电梯厅、餐厅、宴会厅、娱乐场所等公共空间。同时，这也是客人非正式的聚集地和安全控制区，员工可以观察、监督通往酒店的各个通道。

大堂的规划目标包括：

（1）入口：大堂、宴会厅、餐厅、健身俱乐部和其他客人较多的场所都可以考虑设置入口。

（2）大堂副理：看见出入口，也能看见前台，便于客人咨询和解决问题。要有一台电脑，与前台电脑联网。

（3）前台：将前台设置在旅客进门后可以立即看到的明显位置，同时，前台工作人员可以看到通往客梯的通道。

（4）办公通道：要设置好前往前台办公室、经理室、保险箱存放处、销售部的通道入口。

## 一、总服务台

总服务台是大堂活动的焦点，是饭店业务活动的枢纽，应设在进到大堂一眼就能看到的地方。总服务台是联系宾馆和饭店的综合性服务机构，主要办理客人订房、入住和离店手续服务，财务结算和兑换外币服务，行李接送服务，闻讯和留言服务，接待对外委托租赁业务（如承办展览、会议等），贵重物品保管和行李寄存服务，以及客人需求的其他服务。

总服务台的长度与饭店的类型、规模、客源市场定位有关，一般为8~12米，大型饭店可以达到16米。

【设计要求】

总服务台设计时应考虑在两端留活动出入口，便于前台人员随时为客人提供个性化的服务。

## 二、总台办公室、贵重物品保险室

总台办公室一般设在总服务台后面和侧面。贵重物品保险室也应与总服务台相邻，主要负责客人的贵重物品保管，客人和工作人员分别走两个入口。

## 三、大堂经理办公桌

大堂经理的主要职责是处理前厅的各种业务，其办公桌应设在可以看到大门、总服务台和客用电梯厅的地方。

## 四、商场、购物中心

一般酒店的商场主要出售旅行日常用品、旅游纪念品、当地特产、工艺品等商品，四星级、五星级的酒店为了提升自己的品位和档次，专门经营高档品牌服饰、箱包鞋帽或其他高档商品，以满足客人的需要。

## 五、商务中心

商务中心主要为客人提供传真、复印、打字、国际直通电话等商务服务，有的酒店还增设有订飞机票、火车票的功能。商务中心一般应设置有电脑、打印机、复印机、沙发等服务设施。

## 六、休息区

大堂休息区的位置最好设在总服务台附近，并能向大堂吧或其他经营点延伸，既方便客人等候，也能起到引导客人消费的作用。

## 七、行李间

行李间主要用来存放尚未办好手续以及退出客房、准备离去的旅客们的行李。行李间一般以每间客房0.05平方米至0.06平方米的面积设定，观光型饭店旅行团行李集中，行李间面积可适当大些。

## 八、公共卫生间

公共卫生间应设在大堂附近，既要隐蔽又要便于识别寻找。卫生间的面积、厕卫小间尺寸、洁具布置等设计应符合人体工程学原理。洗手盆和男厕小便斗定位的标准中距尺寸以700mm为宜，厕卫小间的标准尺寸为1200mm×900mm，卫生间的门即使开着也不能直视厕卫。

## 九、 主入口

主入口构成酒店的主要特征，因而，其外观显得尤为重要。入口必须明确地进行界定，并且可以看到较好的室内环境。

主要特征见下表：

| 项　目 | 要　　素 |
|---|---|
| 行　人 | 直接走向入口或从停车场走向入口<br>清晰的道路（从交通中独立出来）、标记和照明（避免阴影） |
| 出租车、汽车 | 出于安全考虑安装摄像机。地面考虑防滑。从交通密度和停车考虑，前庭为5.5米或更宽。到停车场的道路。出租车停车处、停车服务、停车车位。汽车道和室内地面材质的转换与交接尤为重要 |
| 大客车 | 最少200间客房设置一个停车位，旅游团队使用单独出口 |
| 残疾人 | 有坡度（最大1：100）的标记路线，操作简单的门，宽阔的走廊 |
| 雨　棚 | 建有雨棚的入口，或在主要入口或在宴会厅入口安装华盖（用于延伸覆盖）。大客车（至少3.85米）和急救车可能需要净高度，安装供暖装置 |
| 照　明 | 雨棚下安装灯光柔和的嵌入式吊顶，带灯罩的壁灯和门厅灯。照明强度从大堂的200lx增加到接待处的400lx |
| 保　安 | 前台能够看到入口，安装摄像机、红外线控制和自动开锁安全系统 |
| 行　李 | 行李存储可能需要一个单独的入口（临近楼层），毗邻行李搬运处的电梯 |
| 指　示 | 明确的指示系统 |
| 雨伞架、擦鞋垫 | 一般五星级酒店入口处设有雨伞架、擦鞋垫 |
| 防火出入口 | 满足安全需要 |
| 气幕墙 | 减少能源消耗 |

## 十、门

入口大门应能完全满足严格的功能要求，在频繁使用后仍保持良好的状态。可供选择的门有：

（1）旋转门单侧或双侧安装行李所用的两扇转门。

（2）1个或2个折页的双弹簧门，自动或手动操作。

（3）滑动门自动操作，同时配有弹簧门以备紧急时使用。

非旋转门必须足够宽，可通过一个携带2个旅行包的客人或一部手推车。门所留空间的确切尺度为：旋转门内径2.0m，侧门1.0~1.2m。

门同时也应该满足安全和紧急逃生的需要。以旋转门为例，就要带有调节器、敏感边缘和承压折页。通常来说，开启时，弹簧门不允许超过建筑物的边线，而且必须镶嵌到前面的墙壁中。门和门框的性能要求主要包括挡风、挡雨、耐用和外观的保持、抗冲击和磨损、易于移动和关闭、抵御强行进入或破损的危险以及使用的安全包括台阶和门槛的设计。门框材质包括铜、阳极铝、不锈钢和精选硬木。材料的选择应与窗户以及大堂的橱窗设计相协调。经常使用玻璃门来显示酒店的门内部状况，但是必须安装醒目的大把手或明显标记，门的装饰应与设计相称。通常情况下设置门廊来减少由于开门而进入的冷暖空气：对于转门和行李空间而言，门廊的深度至少需要2.44m，并设有玻璃墙、过渡区照明和制冷与加热的装置。也可采用空气幕帘，但其温度、高度和速度平衡要求比较复杂，因此使用有限。

## 十一、前 台

前台提供一系列的服务事项，主要有：

（1）客人接待和登记。

（2）出纳和记账、货币兑换、贵重物品的保管。

（3）信息、钥匙、信件、通知、小册子（问询员）。

这些服务通过长的前台或在单独区域中设服务台提供。在任何一种情况下，柜台员工应能够直接进入办公室以获得补充信息和配套服务。前台（前厅部）的空间要取决于酒店的规模、档次标准以及客人到达和离开的方式，高峰期的需求必须通过市场分析进行验证。在接待大型会议、旅游团体、赶飞机的客人时，可以分别安排或增补登记的服务台以加快登记和结账速度。

柜台必须成为接待区的组成部分，同时应成为注意力的焦点。此区域内不设立柱，以增加通透效果和流动空间。大堂的天花板在前台的顶部有所见底，这样就可以在该区域形成集中的局部照明以及进行隔音处理。酒店应设立进入前台配套办公区的方便通道，而这些场所通过短距离的通道或大厅来实现视觉屏蔽和噪音隔离。

服务台可以是直线型柜台，后者有一段很短的户型部分用于提供问询服务。出于保密和安全方面的考虑，所有的柜台都应把工作区屏蔽于客人的视线之外，这既可通过定位和角度化设备，又可通过隔板和隔架得以实现。柜台至少应从流通路线回撤1.25m，而对于繁忙的会议酒店来说，这一距离应增加到3m或更长，把团体成员分开登记。柜台后工作区至少为1.2~1.5m

宽。其后面墙壁可以用作橱柜和物品架或按某一特色进行装饰。

较低的柜台比较具有亲和力，但是至少需要1070mm高，这样才可以遮挡住工作区。柜台附近为客人配备860mm高的写字台。

坐着时工作台的高度是760mm，站立时工作台的高度是900mm。显示器可以调节角度并按需要进行遮挡，一面放光，键盘的高度也可以调节。保险箱用来存放钱币等贵重物品，以确保安全。客人安全储物箱安放在毗邻的房间或各自客房中。

除非另有专门的保安办公室实施状态监控，火灾指示板也应放置于前台区域。电话接线员的房间往往与之相邻。

柜台通常使用木材、带金属框架硬木、叠层或注塑表面，还可以使用大理石或水磨石等表面耐用的镶板进行装饰。

## 十二、 前台办公室

用于酒店管理的办公场所可分为三个区域：

（1）预订和会计办公室与前台紧密相连。

（2）行政办公室位于其他地方，但需要通向前厅部。

（3）其他办公室位于或接近特定的工作区。

前厅部、行政办公室以及销售和餐饮办公室与每个客房所需面积如下表。这些区域的面积可以根据酒店集团某些管理功能的集中程度进行适当的调配。

| 酒店档次 | 面积（m$^2$） |
| --- | --- |
| 高级酒店（4、5星） | 1.5 |
| 中等酒店（3星） | 0.9 |
| 经济型酒店（1、2星） | 0.3 |

## 十三、保险箱区

一般来说，酒店里存放贵重物品的设施有以下两种方式：

（1）保险箱区域：贵重物品寄存，临近前台。

（2）私人保险箱：客房中提供，一般放在衣橱内，尺寸依据衣橱的具体尺寸而定。

对酒店来说应该安装保险箱以保管所收到的现金。

大堂和前台都要有通向存放保险箱房间的门，以便客人和工作人员的进出。存放保险箱的柜架必须固定在墙壁上，并安装报警装置。

## 十四、大堂平面规划实例

### 1.江南某地域性度假酒店设计

对该项目特点分析：

该项目建筑最大的特点是移建建筑、修缮建筑、新建建筑三者，比例大致为2：P 3:5，这给室内装饰带来了很大的难度。

前期准备：

（1）从文化脉络中提炼设计元素

如何传承文化脉络？对古建筑物的修缮、保护、延续和拓展是最基本的做法，但也是表象化的、简单的做法。深层次的做法应该是解构提炼出传统文化的代表性符号，把它们与新材料、新技术结合起来，构造出传统文化的新面貌。

● "人"字纹寓意出人头地

● 木格栅传统材料

● "回"字纹清式家具是最具代表性的纹饰

● 水——当地地域文化特色

（2）输入设计材料

● 建筑图纸

● 现场环境及核实尺寸

● 业主要求

● 各类法律及强制性规范

● 立体思维轴测图，表现平面的同时展示空间形象

● 图面丰富感动自己，保持作品的独创性与原创性

● 主次结合时常表现局部的做法

脉的传承：

● 外合内通，宛若天开"文脉"的传承传统"造园"的手法

● 将视觉中心置于庭院中央的视线分析

### 2.江南某主题性酒店设计

形态是物体外部的状态，可以被看作是美学思想的标志，形态上的改变可能意味着美学立场的改变。从心理学上讲，形态是物体给观察者留下的印象；从美学上讲，它是整个思考、想象和创造过程的结果。因此，从逻辑上讲，设计就是实际地研究某种形态及美学上的联系和可能的审美反应。当我们研究形态时就会遇到不少困难，我们必须小心翼翼地讨论每一种形态和它们之间的关系，因为这牵涉到很多复杂的文化问题，如设计师的社会经济地位、生活习惯、受教育水平和经验等。这些文化要素都可以从对美学偏好有着根本影响的特定的空间形态处理方式中体现出来。

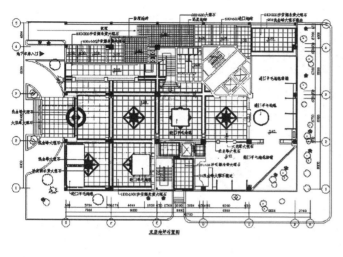

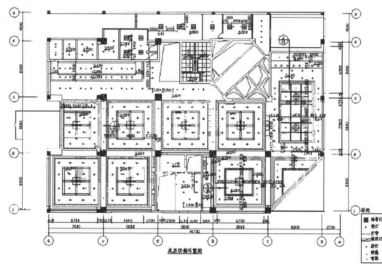

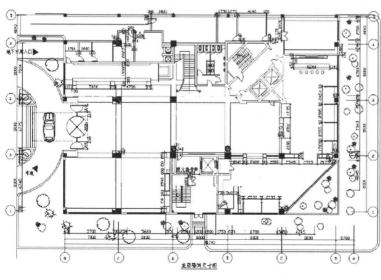

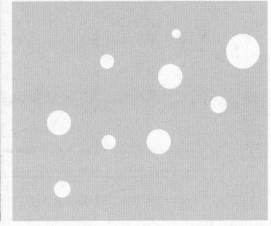

# 第六节 餐饮空间设计

## 一、餐饮空间规划

每个餐厅应该有清晰的方位感,既可从房间内看到其独特设计,又可从外部看见其特有的外观。餐厅所处位置应聚集于可提供后期辅助设备的场所,而且给顾客以强烈的视觉效果。对于较大空间的餐厅,需要有在客流量低时段可关闭或缩减出口区段的功能。如果在专项酒店平面方案中没有专门说明,餐厅不设于地下。所有餐厅推荐自然采光(也要有必要的防晒措施)。必须考虑主要人流区域通道的畅通,如大厅到餐厅通道。如果有要求,在区域平面设计内也要表现餐厅直接到过道的畅通性及本身的临街性要求。如果对尺寸有所限制,则每个餐厅也应有直接的便道通向相连的厨房或餐具室。厨房通常占据指定餐厅面积的1/3。

所有餐厅设计要考虑残疾通道、无烟要求、健康清洁卫生规则,该类标准参照当地专门标准。

## 二、餐饮空间分类

餐饮空间按功能不同,可细分为大宴会厅、多功能厅和零点餐厅、自助餐厅、各类西餐厅、包厢等,现分述如下。

1.大宴会厅、多功能厅

大宴会厅、多功能厅服务对象为团体、婚宴、会议。

一般设有宴会前厅、小型衣帽间、电话亭及一定的休息座位、足够的烟灰桶。

宴会厅入口门尺度要大、要高,双向双开门,单扇不小于900mm×2400mm,便于疏散,要有隔音效果。厅内可设大型隔断移门,可分可合,灵活使用。空间最好是两层,7.5m以上。要有可多功能折叠的主席台,有单独的音响系统,弱电标准越高越好。

主背景需方便装置可替换,以便满足不同幕布的悬挂。

内饰应结合部分软质材料,如地毯、硬包、软包,以达到吸引效果。宴会用椅和会议用椅可兼用,可使用不同的布套来区分。需设计得便于叠放,可存于库房。必须配备面积足够的库房。

照明要达到多功能,以满足不同使用方式的特殊照明要求,并可调光,设调控室。

要有单独的厨房系统,单独送菜通道,以阻挡视线、阻隔气味、方便推车出入。

2.零点餐厅

零点餐厅主要为散客提供中式餐饮,餐桌尺寸丰富,布局灵活,从2人桌到8人桌不等。

在平面布局上,可与包厢区有机结合,相互联系,共用厨房,两个区域与厨房的流线合理安排,避免与客人流线交叉。最好配备足够比例的卫生间。

桌椅不带扶手,便于客人走动。照明方式可丰富,对桌面照明要求最好采用直接照明,光照度不小于400~500lx,色温不宜超过3000K。

3.自助餐厅

以早餐为主，服务对象以酒店住客为主，也可开设午餐、晚餐，接待外来客人和住店客人。

自助餐厅要保证足够的餐台，包括：

（1）冷菜（色拉等）、生料（如三文鱼、日本料理等，下置冰盘）：摆台尺寸800mm×5000mm。

（2）热菜：面食（汤面、炒面、中式面点，需加热炉灶）、蒸煮类（包括广东煲类和各种小吃，需加热炉灶），处理好排烟系统和上下水。操作台尺寸6000mm×3500mm。操作台下采用电磁炉等。

（3）甜点：各类西式甜点、冰激凌。需增加透明冰柜和足够的工作台。

（4）水果、各种鲜榨饮料：最好下置冰盘

以上尺寸仅供参考，设计时需以厨具公司提供的数据为准。

4.各类西餐厅（含日本餐厅）

现在，许多高星级酒店会根据市场需求为客人提供各种不同风味的西餐，如法国菜、日本菜等，不同的菜系有不一样的烹煮方法及食用习惯，而它又基于不一样的文化背景。这就对西餐厅的设计提出了比较高的要求，一是流线、布局要符合各种菜系的不同要求；二是装饰方面要充分考虑特定菜系所代表的文化。

比如说日本餐厅，散座较少，并设有寿司吧、烧烤区，紧邻操作台还设有吧台、餐椅；餐

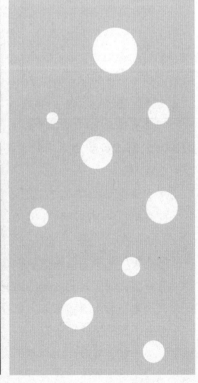

厅内还设有小包厢，餐桌为长条形或榻榻米，有些包厢还配备铁板烧，有专人服务。

### 三、餐饮空间服务要求

1. 自助服务

一般来说，桌椅必须井然有序，并且过道要足够宽，以方便走动。座位安排通常要平行成排或采用长条形软座，而对角座和锯齿形座的布局可以使人更感兴趣，更富于变化。

2. 坐等式服务

坐等式服务是一种更灵活的服务方式，餐桌大小和形状及所使用的座位和椅子类型都可以有很多花样，其关键性要求包括：

（1）顾客的活动和服务人员不得穿越人流集中地带（入口附近、服务台、分配事物的吧台）。

（2）服务总台、餐具柜、小推车停车处、付款处及柜台所选位置必须留出足够空间放置屏风和介,许顾客走动。

3. 柜台服务方式

一般来说，柜台比餐桌占用更多空间，因为座位只靠一侧，以下措施可扩大空间容量：

（1）柜台延伸成环形围绕服务长廊。

（2）补充餐桌或侧面柜台安置座位。

### 四、餐饮空间配套家具

1. 家具种类

餐厅家具有四个主要类别：

（1）固定的柜台或吧台，并且要提供工作台和服务台。

（2）固定桌子，通常要有支柱或伸缩支撑。

（3）可移动的桌子，要有桌子腿或支柱支撑。

（4）可叠放的桌子，桌子腿可折叠、可拆卸。

在各种情况下，设相连的座位、椅子和柜台等还应该做到以下几点：

（1）安装恰当得体，要有可伸缩性或支柱支撑。

（2）安装长条形软座或像火车座椅一样的椅子。

（3）可移动的座位，要有椅子腿或支柱。

（4）可叠放堆起的、摞在一起或折叠起来。

2. 桌椅高度

通常，餐厅桌子高度应是760mm，配以450mm高的椅子，不带扶手。

长沙发/长椅的高度必须注意与相应的桌子匹配，保证座位高度与桌子高度的一致。

酒吧茶几高度可有所不同，但不应低于450mm，咖啡桌高度和零食服务的桌面高度通常为750mm。

吧台高度通常应是1050mm，配以800mm高的吧台椅，脚踏高度300mm。

课后习题：

1. 简单归纳休闲娱乐空间设计的基本规律及要点。

2. 通过对周边市场进行调研，制作一份休闲娱乐场所的市场需求分析报告。

# 第五章　休闲娱乐空间色彩设计与照明设计

**学习目标：**

了解色彩设计、照明设计的基本知识，理解色彩心理感受，掌握照明的类型、手段，将色彩与照明和谐、美观地运用于设计中。

**重点难点：**

掌握色彩与照明的基本运用规律，重点掌握色彩与照明设计的基本原则。

## 第一节　色彩的心理感受与运用

营造休闲娱乐空间氛围的手段有很多，色彩是最直观和最具有心理影响力的要素。不同的色彩，给人的心理感受不同，把握好色彩的运用可以很好地塑造理想的空间。

### 一、色彩的冷暖感

色彩的冷暖主要起源于人们对自然界某些事物的联想。红、橙、黄和与之相近的色彩能使人联想到阳光与火，因而使人有温暖感；蓝、绿和与之相近的色彩能使人联想到冰雪、海洋、月光、森林，因而给人以凉爽、寒冷的感觉。

色彩的冷暖感虽然主要由色彩的色相决定，但与色彩的明度和纯度也有关系，明度越高的色彩越具有凉爽感，如白色；明度越低的色彩越具有温暖感，如黑色。同样颜色的不同材质，冷暖感觉不同，表面粗糙的物体比表面光滑的物体更具有温暖感。

【设计要点】

（1）在休闲娱乐空间设计中，可以运用色彩的冷暖感来设定空间气氛。如酒吧、卡拉OK厅、舞厅的设计可以大量运用暖色调色彩来烘托其热烈的气氛。

（2）餐厅的色彩一般宜用干净、明快的色系，常采用偏黄暖色系列为主调，以刺激人的食欲。但在一些特殊定位的餐厅里，如海鲜餐厅，也会采用海洋的颜色为主色调，突出其经营特色。冷食店常以蓝、蓝绿、蓝紫等冷色系为主调，使人在炎热的夏天有凉爽的感觉。

（3）休闲娱乐空间的休息室在色彩的运用上应营造一种平和、舒适的环境，不宜采用冷暖或明度对比过强的色彩，因为休息室的作用应该是使人能心情放松、愉悦、精神舒缓。冷暖对比过强、明度较高的色彩，容易使人兴奋；明度过低的色彩又会使人感觉更加疲劳；中性偏暖、明度适中的色调能使人心情放松、精神舒缓，更适合于休息室的运用。

## 二、色彩的距离感

不同的色彩可以使人产生进退、远近、凹凸的感觉。根据人对色彩的感受，可以将色彩分为前进色和后退色。一般情况下，暖色系和明度高的色彩具有前进和凸出及拉近视觉的感觉，冷色系和明度低的色彩则给人以后退、凹进和远离的感觉。因此，利用色彩的距离感可以改变室内空间不理想的比例尺度。

【设计要点】

（1）对层高较低的室内空间，顶棚造型除了不宜太烦琐外，在颜色的处理上可以采用白色或比墙面浅的高明度色彩来提升顶棚视觉高度空间。对层高较高的休闲娱乐空间，可以用比墙面稍暖和深的近感色来装饰顶棚，减弱空旷感，降低顶棚视觉高度。

（2）在休闲娱乐空间设计中，可以利用色彩的距离感强调和突出重点。比如，可以用鲜艳的颜色和其他前进色作为主体背景和展示物的色彩，从而给人造成视觉冲击。

## 三、色彩的分量感

色彩明度的高低直接影响色彩的分量感。一般来说，明度高的色彩显得轻，具有轻松和轻快感，如白色、粉红、浅蓝；而明度低的色彩显得重，具有稳重感，但用的不好会显得沉闷，如黑色、褐色等。

色彩纯度的高低也会影响色彩的分量感。在同明度、同色相条件下，纯度高的感觉轻，纯度低的感觉重。

从色相方面来看，暖色黄、橙、红给人的感觉轻，冷色蓝、蓝绿、蓝紫给人的感觉重。

物体的质感给色彩的轻重感觉带来的影响也是不容忽视的。同样的色彩，带有光泽、质感细密、坚硬的物体给人的感觉重，表面结构松、软的物体给人的感觉就轻。

【设计要点】

在进行休闲娱乐室内空间六面体设计时，应注意色彩轻重的搭配，把握上轻下重的设计原则，使人在视觉上有平衡感。

## 四、色彩的尺度感

与暖色和明度高的色彩相比，冷色与明度低的色彩，具有扩散、膨胀的作用，使人感觉物体显得大；而冷色与明度低的色彩有收缩和类聚作用，会使人感觉物体显得小。恰当的运用色彩的这种性质可以改善室内的空间效果。

【设计要点】

（1）室内空间相对较小的房间，墙面装修适宜采用明度较高的浅色材料，使室内空间呈现开阔。休闲娱乐室内空间柱子过粗时，宜用深色来减弱体量感；柱子太细时，宜用浅色来增加体量感。

（2）同样的空间，室内色彩协调统一，会使空间显得宽大；室内色彩对比强烈，会使空间显得拥挤。

### 五、色彩的华丽和朴素感

从色相方面来看，暖色给人的感觉华丽，冷色给人的感觉朴素。从明度上看，明度高的色彩给人的感觉华丽，而明度低的色彩给人的感觉朴素。从纯度上看，高纯度的色彩给人的感觉华丽，纯度低的色彩给人的感觉朴素。同一色彩，不同的质感给人的感觉也是不同的，一般来说，质地细密、有光泽的材质会给人以华丽的感觉；反之，质地疏松、无光泽的材质则给人以朴素的感觉。

【设计要点】

色彩的华丽与朴素是相对而言的，在设计中重要的是灵活运用。比如，设计某酒店大堂，在地面、墙面的选材上，同样的颜色，选用有光泽的抛光大理石或花岗岩就比用无光泽的火烧大理石或花岗岩要显得华丽和有档次得多。但如果设计的是一个田园式的休闲山庄大厅，选择无光泽的火烧大理石或花岗岩则更适合环境的需要，因其相对朴素的质感给人以回归自然的亲切感，使人的心情能得到真正的放松。

### 六、色彩的积极作用

从色相方面来看，红、橙、黄等暖色比蓝、蓝绿、蓝紫等冷色给人的感觉更加兴奋和更加积极；从纯度上看，高纯度的色彩比低纯度的色彩感觉积极，且刺激性强；从明度上看，同纯度不同明度的色彩，一般是明度高的色彩刺激性比明度低的色彩大。

【设计要点】

舞厅、卡拉OK厅等娱乐场所及婚宴、节日庆典等宴会厅就应多采用积极的色彩进行装饰，比如，多用纯度和明度较高的暖色材料进行空间装饰，灯光多用红、橙、黄等暖色光，这样更能创造出一种振奋人心、积极活泼的环境。

## 第二节 休闲娱乐空间色彩设计的基本原则

### 一、充分考虑不同休闲娱乐空间的功能和性质要求

不同的休闲娱乐空间在进行色彩运用时，应考虑功能方面的要求。不同的功能空间，在色彩上的要求是不一样的，要根据具体的内容来确定其色调。比如，同样是商业卖场，妇婴专卖店在颜色上的设计就应以明度较高的娇嫩颜色为主色调，如粉红、粉绿、浅蓝等色系。儿童服装专卖店的颜色应该比妇婴专卖店要鲜艳、形式更活泼，体现儿童活泼、天真烂漫的性格。

不同的功用空间，虽然是室内色彩设计的重要考虑内容，但也不能千篇一律，生搬硬套，而应该灵活运用，这样才能使空间具有生命力。

休闲娱乐空间的类型很多，根据不同的空间类型、不同的内容来确定其色调。

## 二、利用色彩改善空间效果

不同的色彩给人的视觉感受是不同的，不同大小、不同形态的空间可以通过色彩来进一步强调或消弱。充分利用色彩的调节作用，重新塑造空间，弥补空间的缺陷，改善空间环境。

## 三、色彩的配置（运用）应符合人的审美需求

配色的好坏会直接影响到室内空间设计的优劣。色彩的运用，只有符合人的心理、生理审美要求，才能给人以美的享受。在进行色彩设计时，应正确处理好色彩的对比与协调、统一与变化、节奏与连续的关系，处理好不同材质的同一色系运用，处理好背景色、主体色、点缀色物体的相互关系与色彩运用。

## 四、注意不同民族、地域对色彩的审美差异

休闲娱乐空间色彩设计，除了掌握一般的色彩运用规律外，还应注意不同民族、宗教和地方对色彩的审美差异。由于生活习惯、文化传统和地域的差异，人们的审美要求也有所不同，在特定的室内空间色彩运用上不宜太概念化、模式化。

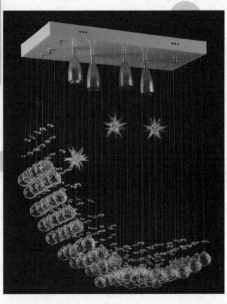

### 五、注意不同时期人们对色彩的喜好差异

不同性别、年龄、民族、行业的人，对色彩的感受不同。在不同时期人们受时代潮流的影响，对色彩的喜好也有所差异。不同装饰材料的盛行和使用，也会对休闲娱乐空间设计的色彩造成一定的影响。

## 第三节　休闲娱乐空间照明设计

物的形象只有在光的环境下才会被感知，光令空间、环境、物体富有生命。光是建筑及室内环境的重要元素，光照条件的好坏会直接影响室内环境的效果。光有自然采光和人工照明两种形式，下面主要针对休闲娱乐空间设计的人工照明来讲解有关照明设计的相关知识。

### 一、照明灯具的类型与运用

照明灯具不只是具有照明的功能，而且是集艺术形式、物理性能及使用功能等多种性能于一身的。灯具的类型很多，根据灯具的安装方式分类，可以分为天棚灯具、壁灯、台灯、落地灯等类型，其中天棚灯具又有吊灯、吸顶灯、嵌入式灯具、放光顶棚、发光灯槽等类型。

1. 天棚灯具

（1）吊灯

吊灯是以吊杆、装饰链等连接物将光源固定于顶棚上的悬挂式照明灯具。

吊灯由于悬挂于室内上空，其照明范围较广，具有光谱照明性，在一般情况下，主要用于室内一般照明，也叫整体照明。由于吊灯一般多安装于吊顶的中心位置，并悬吊于空中，比较显眼醒目，有重点装饰性的作用，因此，选择不同的造型风格、大小、色泽、质地，都会影响整个空间环境的艺术效果，体现不同的装修档次。需要注意的是，较矮的室内空间不适合选用吊灯，如用吊灯会使空间显得更矮。

（2）吸顶灯

吸顶灯是将照明灯具直接吸附、固定在顶棚上的灯具。

吸顶灯的特点与吊灯类似，只是在空间上有所区别。吊灯多用于较高的空间中，吸顶灯则多用于较低的空间中。另外，灯体较长的吸顶灯也可以用于较高的空间中。

（3）嵌入式灯具

嵌入式灯具在安装时，应把灯具嵌入到顶棚内，灯口与天花板基本保持持平，这是一种隐藏式安装的灯具，如筒灯、射灯、格栅灯等。嵌入式灯具有不会破坏吊顶的造型效果，能够保持建筑的整体统一，而且不易产生眩光的优点。

① 筒灯。根据设计效果需要，筒灯也有半嵌入天花板或安装于天花板表面的安装形式。灯具形状以圆形居多，光源的配置有节能管、卤素灯、白炽灯等。

② 射灯。射灯有普通吊顶射灯、吸顶射灯、轨道射灯、格栅射灯等类型。普通天花射灯、格栅射灯多嵌入式安装在天花板或柜体内部，吸顶射灯、轨道射灯多直接安装在天花板或

墙体上。

③ 格栅灯。格栅灯与筒灯都属于嵌入式灯具，多用于照明度较高的一般照明，如商业卖场等。一般情况下，格栅灯具安装在天花板的顶棚里面，灯口与顶棚大致相齐，在没有吊顶的情况下，根据设计需要也可以像吸顶灯一样直接把灯具安装在天花板表面。格栅灯有600mm×600mm、1200mm×600mm、1200mm×400mm等几种规格，灯具底面有不锈钢或铝制发光罩，表面配有不锈钢或铝制栅罩，主要用荧光灯作为光源使用。

（4）发光顶棚

吊顶全部或部分采用乳白色玻璃、磨砂玻璃、喷漆玻璃、光学格栅等透光材料做造型，内部均匀设置日光灯光源的发光顶，通常称为发光顶棚。

发光顶棚具有发光面积大、照度均匀、能使空间开阔敞亮的特点，经常使用在商业卖场、酒吧、餐饮娱乐等公共空间。

发光顶棚同样的构造形式也可以用于墙面和地面，形成发光墙面和发光地面。不同的是，发光地面要求材料更具有坚固性，如用钢结构做骨架，用钢化玻璃做透光材料。

（5）发光灯槽

发光灯槽通常利用建筑结构或室内装修结构对光源进行遮挡，使光投向上方或侧方。其照明一般不能作为主照明使用，多作为装饰或辅助光源，可以增加空间层次感。

2. 壁灯

有功能性照明的作用，也有装饰性和气氛性照明的作用。

## 二、照明形式与照明方式

### 1. 灯具的照明形式

根据灯具的照明形式可以分为直接照明、间接照明、半直接照明、半间接照明、漫射照明等类型。

（1）直接照明

光线通过灯具射出，其中90％以上的光通量达到假定的工作面上的照明形式，对此，我们称为直接照明。这种照明形式因为光绝大部分作用于作业面上，因此光的利用效率特别高，会起到引人注意的作用。直接照明在视觉范围内容易造成强烈的明暗对比，也容易使人产生疲劳感，而且有眩光产生。但短时间的使用可以使人兴奋，如娱乐场所使用的舞台频闪光。

（2）间接照明

通过反射光进行照明，照明器选用基本不透明的材料，或将照明灯具藏于灯槽内，只有10％以下的反射光直接照到假定的工作面上，90％以上的发射光通过天棚或墙面反射到工作面的照明方式，称为间接照明。

间接照明方式光线柔和，不容易出现眩光。但光能消耗大，照度低；通常与其他照明方式配合使用，达到理想的艺术效果。

（3）半直接照明

用半透明的材料或不透光但有镂空的材料制作灯具外罩，使60％~90％的光线（发射光通量）向下直接照射到假定工作面上，剩余的光通量通过半透明材料或不透光但有镂空透光材料射向非工作面，再通过反射作用照射到工作面，这种照明方式通常叫做半直接照明。

由于半直接照明在满足工作照度的同时，也能作用于顶部等非工作面，从而使得室内空间亮度既有强弱之别，又有整体柔和的特点，并能扩大空间感。

（4）半间接照明

用半透明的材料或不透光但有镂空装饰透光的材料制作灯具外罩，使10％~40％的光线（发射光通量）向下直接照射到假定的工作面上，剩余的光通量通过半透明材料或不透光但有镂空装饰透光材料射向非工作面，再通过反射间接作用于工作面，这种照明方式通常叫做半间接照明。这种照明方式没有强烈的明暗对比，光线稳定柔和，能产生较高的空间感。

（5）漫射照明

光照通过具有减弱眩光的光学材料（如磨砂玻璃、乳白罩、特制的格栅）向四周扩散漫射，灯具各方向的光强近乎一致的照明方式，称为漫射照明。这种照明方式，光线柔和，没有眩光。

2. 灯具的照明方式

根据照明灯具的布局形式和功用，其照明方式可分为一般照明、局部照明、重点照明、装饰照明、应急照明、安全照明等类型。

（1）一般照明

不考虑特殊空间或部位的需要，为照亮整个场地而设置的照明方式被称为一般照明，也叫普通照明或整体照明。一般照明的特点是光线较均匀，空间明亮，但不突出重点。

（2）局部照明

局部照明指不特别考虑整体环境照明，只为满足某些空间区域或部位的特殊需要而设置的照明方式。

（3）重点照明

重点照明指为了强调特定的目标空间而采用的高亮度的定向照明方式。

（4）装饰照明

装饰照明只为了增强空间的变化和层次感或用来制造特殊氛围的照明方式。

（5）应急照明

应急照明是指在正常照明因故熄灭的情况下，能被启用并及时用以继续维持工作的照明方式。

（6）安全照明

安全照明是指在正常和紧急情况下都能提供照明设备和照明灯具的照明。如"安全通道"的指示灯照明。

### 三、休闲娱乐空间照明设计的基本原则

1. 功能性

照明设计首先应满足不同休闲娱乐空间的使用功能要求，灯具的类型、照明方式的选择、照度的高低、光色的变化，都应与使用要求相一致，并满足室内空间功能的需要。

照度是影响照明质量的重要因素（被照面单位面积上接受的光通量称为照度。照度主要用来表示被照面上接受光的强弱，其单位为勒克斯lx）。不同的功能空间对照度的要求是不同的，同样的照度在有些功能空间会觉得高，在有些空间又会觉得低。比如，商业卖场的照度要求就没有娱乐场所的照度要求高。

为了使设计师在进行不同的室内环境设计时有相应的参照标准，各个国家都规定了不同功能空间的照度要求（详见中华人民共和国建设部、国家质量监督检验检疫总局联合发布的《建筑照明设计标准》）。

2. 艺术性

照明设计除了满足使用功能外，还应注意其在使用空间中的装饰作用。在造型、色彩、材质等方面都要注意全面把握，充分运用灯光设计增添使用空间的装饰效果，渲染环境气氛。

3. 安全性

安全性是照明设计要重点考虑的内容，照明设计电器线路安装应符合国家标准中有关技术规范要求，并且考虑到维修和检修的方便。

4. 经济性

灯光照明不是越多越好，而应科学合理。照明设计在满足使用功能和审美功能的同时，应尽量采用先进技术，充分发挥照明设施的实际功效，降低成本，不造成过多的电力浪费和经济损失。

### 四、休闲娱乐空间照明设计的程序

1. 明确照明设施的主要用途和目的

明确照明设施布置的用途和目的，便于选择满足要求的照明设备。

2. 照度、亮度的确定

根据房间使用功能和面积，按国家颁布的《建筑照明设计标准》来确定房间照度值。

3．照明方式的确定

根据不同的休闲娱乐空间设计的要求，选择不同的照明方式。一般照明、局部照明、重点照明往往综合使用，即混合照明。

4．灯具的选择

灯具的选择主要应考虑以下三个方面：

（1）灯具的大小符合空间体量。

（2）造型与风格符合环境要求，并与环境协调一致。

（3）材质、色彩与环境氛围相协调。

5．光源的选择

根据不同的休闲娱乐空间设计的需要选择光源，不同的光源其光色、显色性等不同。

**课后习题：**

1. 复习色彩设计与照明设计的基本运用规律。

2. 分析不同休闲娱乐空间中色彩运用的心理感受，并进行总结。

# 第六章　休闲娱乐空间材料与施工工艺

**学习目标：**

掌握装饰材料的基本知识，深入学习装饰材料的种类和特性，重点掌握装饰材料的选择，并了解一些细部施工工艺。

**重点难点：**

对装饰材料及其特性有一定的认识，掌握休闲娱乐空间的材料选配方法，能合理有效地运用于设计中。

## 第一节　材料运用与选配

材料是环境设计支撑的骨架。材料是设计自身生存、发展和取得成果的桥梁。人类对于各种材料的使用已有很长的历史。随着人类对自然的认识和生产力的逐步提高，人们对自然材料的加工使用也越来越广泛。古代欧洲以罗马为代表的石建筑，古代亚洲以中国为代表的东方木建筑和泥石的建筑结构都具体地说明了这一点。对大空间界面的各种材料的设计而言，从最初的利用自然界的自然材料到能加工制作，从自然环境需要利用到对材料多方面的功能的使用和认识，经历了漫长的岁月。到了工业社会，大机器的生产使材料能成为现实，为改善人类的居住环境和条件提供了充分的技术条件。特别是到了现代社会，高新技术的发展和应用，现代建筑和室内材料的种类和性能越来越多，日益丰富，无论是对自然材料（木、石、泥等）的进一步生产和加工，还是现代装饰材料由金属、玻璃、塑料、石英等的应用，都达到了前所未有的高度，为装饰材料的设计、选择和利用提供了丰厚的物质材料基础。

休闲娱乐空间装饰材料的定义是什么呢？所谓装饰材料，从广义上讲，是指能构成建筑内部空间（即室内环境）的各种要素部件的各种材料。简而言之，除了人自身的穿戴衣物外，在建筑空间中，凡是我们所能见到的物体都可以称之为室内装饰材料。由于室内空间主要是由地面、墙体和顶棚三大空间界面所构成的，所以，从某种意义上讲，室内装饰材料的设计主要是指所依附于这三大空间界面的各种材料的设计而言。

## 第二节　装饰材料的特征与作用

### 一、材料自身特征及作用

#### 1. 材料的功能性

在休闲娱乐空间环境材料的设计中，材料所具有的功能性往往是由其材料的各种元素结构和物理性决定的。由于各种材料的化学和物理元素构成不同，其使用的功能和范围也就不同，如壁纸类就不可用于厨厕等空间，而木质地板更不适用于卫生间，因此，在设计材料时，一定要考虑到各种材料的防水、防滑、隔热、阻燃、隔音吸声等不同的使用功能。

### 2. 材料的视觉特性

装饰材料的形状、大小、表面的肌理效果等都能通过人的视觉神经传递到大脑，使之作为感情和心理上的反馈，这就是材料的视觉特性。如粗糙的毛石、天然的木竹都会给人一种原始的古朴自然的视觉效果。而在空间不大的卫生间地面铺设小形状的地面材料，也能造成扩展空间的视觉效果。

### 3. 材料的物理特性

在材料设计中，有时针对局部的设计缺陷和不足，相应地采用某类材料去弥补，这其中更重要的依据，就是此种材料的物理性能。因此，对材料的三大物理特性即光学特性即光学特性、声学特性、热工特性和隔热、隔音、反射、透光等指标的掌握，是材料设计中十分重要的环节。如光学材料设计中，为消除眩光、局部刺眼的缺陷，可利用磨砂玻璃、乳白玻璃和光学格栅形成反透射或漫反射，使光能均匀散布。

### 4. 材料的美感作用

形成娱乐空间的环境气氛和情调，很大程度上取决于材料本身的色彩、图案、式样、材质和肌理纹样，这样因素很多都是在自然生长和生产的过程中就形成了的，关键在于设计中的选择。如木质材料的天然色彩和自然纹理都给人亲切自然和温暖感；玻璃材质给人以晶莹剔透、光泽四射之感；而色彩淡雅、图案柔和的面材会显得高雅；不锈钢和钛金这样的金属令人有现代豪华的感觉。这些都是材料的美感作用。

## 二、材料的感觉效应

构成娱乐空间的装饰材料，作为一个具体存在的环境，是供人们生活工作和休息的地方，人们有意或无意中身体各部分的感觉器官都会对此类装饰材料进行接触，产生触觉、视觉、嗅觉等。不同材料的接触都会引起人们生理和心理上的不同反应，这就是材料的感觉效应。

### 1. 材质感

在娱乐环境的装饰材料构成中，当我们接触到某种材料时，会给我们造成不同的视觉和触觉印象，久而久之，这种印象就会储存在我们的大脑意识中，当我们的视觉摄取到这些材料时，即使没有触摸到他们，也能获得触觉印象。如当我们看到大理石这种材料时，就会立即产生硬、冷、光滑等触觉印象。这种由材料的物理特性引起人们的感觉印象，称为材料的材质感。

由于材料从弹力性上划分有硬和柔软度；从光滑度上划分表面具有光滑和粗糙之别；光泽度上划分有亚光和亮光之分；导热性上划分有温暖和寒冷感；吸湿性上可分为干燥和潮湿等性能，这就为材料的材质感提供了设计依据。

### 2. 材料的软与硬

室内空间的这种材质感犹如色彩给人们的感情和意识一样，同样能给人以某种感情和意识。当我们看到各类纺织品、地毯等时会有一种柔软、舒适的感觉，由此会联想到温暖怡情。而看到混凝土、金属等材料时，也会感到一种坚硬、锐利、冷静感。在设计中利用材料的硬与软的感觉这一特性，有利于达到设计的预期效果。以柔软的、温软的某些材料构成的娱乐空间会给人亲切和安静的感觉。如采用纺织品布料做天顶，地面铺设地毯，墙面贴壁纸并配上装饰窗帘，就会形成柔和温馨的娱乐环境。当用硬、冷的材料装饰空间时则会使人产生冷静、理智的空间感。故一般公共娱乐环境可考虑用硬性材料，以达到稳固、安定的效果。而在个人私密性要求高的娱乐环境，尽可能用软性材料装饰，会使人感到亲切温和，心情放松。

3. 材料的轻与重

材料的轻与重也是由我们的视觉引起的一种心理反应，并非指材料本身物理量的轻重。这种轻重感往往与材料本身的色彩深浅、表面的光滑平整与粗糙、光透视感的强弱等因素有关。材料表面明度高的使人感到轻，反之则重。而那些表面凹凸粗糙、光透感弱的，则令人感到重；表面平整光滑、光泽感强的，使人感到轻。在材料的设计中利用这一点，会收到很好的效果。如在一些公共娱乐环境里，由于原建筑关系，娱乐空间有大量的柱面，使人有闭塞之感。如采用玻璃镜面或不锈钢等光泽感强的材料来装饰时，会在视觉上减轻圆柱的体量感，造成轻松、明亮的华丽感觉。因此，从表面材料的轻重感出发来进行娱乐空间材料设计就会造成不同的环境感受。如按地面、墙面至顶棚的顺序来逐个设计由重到轻的材料，即可构成轻盈而稳定的环境效果；反之，就形成一个厚重的、具有压迫感的娱乐空间环境。

# 第三节　装饰材料的种类及特性

休闲娱乐空间材料的分类，可按其材料的生产流通、销售分类，也可按其材料本身的物理特性进行分类，如光学材料（透光或不透光）、声学材料（吸声、反射、隔声）、热工材料（保温、隔热）。还可分为自然材料和人工材料等。主要是按构成娱乐空间的天花、地面、墙面主要材料及娱乐公共空间内物体的设计和实际使用分类的。

## 一、金属材料

人们通常将具有良好的导电、导热性能，并可锻制的元素称为金属。由于金属质地坚硬、抗压承重、耐久性强、易于保养及表面易于各种处理，因此，在娱乐空间设计工程中多用于两大方面：一是用于建筑结构和装修中承重抗压的结构材料；二是用于装修表面美化的装饰材料。一般金属结构材料较厚重，多用于与骨架，如扶手、楼梯等。而装饰金属材料较薄，易加工处理制成成品或半成品。金属材料色泽突出是其最大特点。铝制因其质硬量较轻，而被广泛应用于门窗、扶栏、幕墙等，是用得最多的金属材。而不锈钢材更具有现代感，被人们喜爱。钢材、镀钛金属材料用于娱乐空间设计中则显华丽、高贵、档次高，古铜色的金属材又具有典雅之美。对于现在出现的铸件雕饰件、铁皮卷花则给人以厚重古朴之感。因此，在娱乐空间设计中，应根据金属材料的特性和美饰作用进行具体选择和使用。金属材料用于娱乐空间设计中，其品种式样很多，就其形态而言可分为5种：①薄金属板类；②金属管类，分实心和空心；③金属焊板；④金属同类；⑤金属五金件。

就其种类来说，常用的有6种：

（1）普通钢材：工字钢、槽钢、角钢、扁钢、钢管、钢板等。

（2）铁件：三角铁、工字铁、铸铁件、铁皮、铁板等。

（3）镀锌材：镀锌圆管、方管、镀锌板、镀锌花管等。

（4）不锈钢材：不锈钢镜面板、亚光板、不锈钢管、球体以及各种不锈钢角、槽及加工件。

（5）铝材：各种铝合金门窗及隔墙材、天花主板等。

（6）铜材和钛金材：铜钛金管、钛金镜面板、铜板、铜条以及各种钛金角、槽及加工件。

在设计和使用金属材料时，要注意和了解所用材料的性质，尤其是加工、切割、弯角、圆弧面接触点处理时要精细，尺寸更应注意，以免留下难以弥补的后果。

## 二、石质材料

饰面材料是指在天然石材的基础上，经过加工而成的块状和板状及其他异形状的石质材料。从欧洲古代建筑到现代室内装饰，其运用都十分广泛。它分为天然与人造两种。在天然岩石中有火成岩、沉积岩以及变质岩所形成的天然花岗石和大理石。人造石材即是以天然岩石的石渣做骨料，经过工艺生产而做出的石材。

1. 天然花岗石

由火成岩形成，主要矿物成分为长石、石英、云母等，其特点是构造致密、硬度大、耐磨、耐压、耐火、耐腐蚀等，可用几百年，多为外墙、地面使用，实为当今建筑装饰材料中最高档的材料之一。

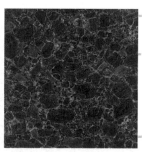

2. 天然大理石

是由沉积和变质的碳酸盐一类的岩石构成，质细密、坚实，其颜色、品质和种类较丰富。作为一种高档石材可适用于各种设计，但较之花岗石，耐磨、耐风火性较差，易变色，故多用于室内装饰材料使用。

3. 人造石材

人造花岗石及大理石，以天然花岗石、大理石石渣为骨料，加以树枝胶结剂等，经特殊工艺加工而成，可切割成片、磨光等。与天然石材相比，其质量、耐磨、抗压性等方面均低于天然石材。但其颜色、纹理可自由设计，价格较低，易于被广大客户所接受，广泛地使用于公共空间装饰设计中。

## 三、陶瓷材料

陶瓷是陶类和瓷类两大类产品的总称。因其材质和生产工艺有所不同，而产品的适用范围也有所不同，一般分为地面陶瓷用砖、墙面陶瓷用砖。以使用场地分为室内用陶瓷砖、室外用陶瓷砖。陶砖一般表面粗糙无光，不透明，有一定的吸水率，分为有釉和无釉两种。瓷砖胚体细密，并施以釉料再高温烧制瓷化为成。其质地坚硬、耐磨性好，吸水率近于零，色彩美观丰富，并可抛光如镜，装饰效果极佳。由于陶瓷材料的特性，多用于餐厅、厨房、卫生间、浴室、阳台及内外墙面和各种地面场所，以利于环境清洁保养。现在，随着陶瓷砖工艺生产的不断提高，无论国产、合资或进口的陶瓷砖材料，其图案式样、尺寸规格、花色品种都越来越多，将会更广泛地被人们所喜爱。陶瓷砖材料常有：陶瓷马赛克、釉面砖、透心瓷砖、丁挂砖、钢砖、陶瓷壁画、壁雕烧制等。

## 四、木质材料

木材材质轻并具有韧性、耐抗压冲击，对电、热、音有良好的绝缘性等，这是其他材料难

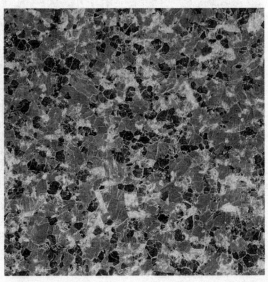

以替代的优越性，因此，在休闲娱乐空间设计中大量地被人们所采用。特别是木材纹理的美感、柔和温暖的色彩感觉、回归自然的质朴感等为人们所钟爱。

1. 原木板方材

在原木基础上，根据实际所需尺寸，直接加工运用的板材和方材。

2. 人造木板

为了消除天然原木由于生长等其他原因带来的不足，利用木材加工所剩的边角废料，用科学的生产工艺手段而产生的人造板材。常用的有：胶合板（俗称三层五层板）、纤维板、钢花板、细木工板、蜂巢板、饰面防火板、藤木贴皮板等。

3. 复合木地板

一类高级的地面装饰材料，直接用各种原木（如水曲柳、乔木、山地木、柳按、松木、桦木、红木等）生产加工而成的各种规格和尺寸的拼镶木地板。同时，也可用复合构造的木板，贴上单层和多层胶合木组成。常用的有企口和平口两种，可拼成各种形式和图案。

4. 实木线条和雕花

用木质材料加工而成的装饰条、雕花贴皮等。可用于大小阴阳角和踢脚线等装饰部分。

## 五、玻璃材料

玻璃的主要成分是石英砂。纯碱、石灰石与其他辅材，经1600℃左右高温熔化成型并经冷却而成。依据透光性或反射性分为透明玻璃、半透明玻璃、镜面玻璃等。现在，玻璃已从过去那种作为单一的采光材料使用，而向可隔热、减噪音、控制光量、环境、节能、减轻建筑体量、扩展空间等多功能作用的方向发展。同时，由于玻璃的种类繁多，功能不断增加，二次加工的工艺手段不断提高，使其自身独特而强烈的装饰艺术效果大放光彩。如大到幕墙的豪华气派，小到杯具的精制，在当今休闲娱乐空间装饰设计中被人们所钟爱。常用的种类有一般性玻璃、压花玻璃、毛面玻璃、紫外线反射玻璃、钢化玻璃、雕刻玻璃、印花玻璃、彩绘玻璃、热熔玻璃、冰片玻璃、夹丝玻璃、镀膜玻璃、异型玻璃、镜面玻璃、玻璃马赛克、玻璃空心砖、彩石玻璃等。

## 六、石膏板材料

石膏板是以熟石膏为主要原料加入适当添加剂与纤维制成，具有质轻、绝热、吸声、不燃和可锯可钉等性能。石膏板与轻钢龙骨的结合，就构成轻钢龙骨石膏板体系。石膏板种类可分为6种：

1. 纸面石膏板

是在熟石灰中，加入适量的轻质填料、纤维、发泡剂、缓凝剂等，加水拌成料浆，浇注在重磅纸上。成型后覆以上层面纸，经过凝固、切断、烘干而成。上层面纸经过特殊处理后，可制成防火或防水纸面石膏板，另外，石膏板芯材内也含有防火或防水成分。防水纸面石膏板不需要再做抹灰饰面，但不适合用在雨篷或其他高湿部位。

2. 装饰石膏板

在熟石膏中加入占石膏重量0.5%~2%的纤维材料和少量胶料，加水搅拌、成型、修边而成，通常为正方形，有平板、多孔板、花纹板等。

3. 纤维石膏板

将玻璃纤维、纸浆或矿棉等纤维在水中松解，在离心机中与石膏混合制成浆料，然后在长网成型机上经铺浆、脱水制成的无纸面石膏板。它的抗弯强度和弹性高于其他石膏板。除隔墙、吊顶外，也可以制成家具。

4. 空心石膏板条

生产方法与普通混凝土空心板类似，加入纤维材质和轻质材料，以提高板的抗折强度和减轻重量。这种板不用纸和粘连剂，也不用轻钢龙骨，施工方便，是发展较快的一种轻质墙板。

## 七、塑胶材料

塑料材料是由天然树脂、人工合成树脂、纤维素、橡胶等人工或天然高分子有机化合物构成的。这些化合物材料，在一定的高温、高压下，经过工艺流程，可塑制成日常生活和休闲娱乐空间装饰的各种物品。塑料制品其性能是质轻、装饰感较强、机械物理性能良好，在常温常压下不易变形，具有抗腐蚀和抗电特性。但耐热性差，易老化。塑料材料类装饰产品目前在休闲娱乐空间设计中也应用较为广泛，产品种类多。普遍的有地毯、扶手、栅栏、塑胶地砖、地板、百叶窗等。装饰板材中有塑胶壁板、墙角板、塑胶浮雕板、钙塑装饰板、pvc中空板和导管、扣板及阴阳角装饰压条、仿真有机玻璃板、人造皮草等。特别是自贴性塑胶装饰条纹、铝塑板等更是豪华装饰材料中的新宠。

## 八、壁纸

壁纸在现今休闲娱乐空间装饰工程中，因其质感较温暖柔和、典雅舒适，成为美饰墙面、天花板等使用最为广泛的一种装饰材料。随着生产工艺和科学技术的不断更新，新一代壁纸以价格适宜、色彩变化多样、色泽一致、施工方便易行、可清洗、图案花色多而占据了市场。除一般壁纸外，更有许多特殊效果的壁纸面市，如仿石材、木纹砖材等仿真壁纸，既有利于工期时限，施工快速简洁，又可以达到以假乱真的美饰效果。在设计、选择和使用壁纸时，应根据不同的要求而具体选择不同质地品种的壁纸，更应该考虑客户的接受能力和喜好。现在，国产壁纸，无论质量还是花色品种都不错，而进口壁纸价格较高，在设计选择壁纸材料时，应该注意。壁纸可分素色及花色。素色有全素色和暗纹素色，其色泽应保持一致，以便施工；花色有大、中、小花，花纹之体感可分为平面、凹凸面等。常用的壁纸有：纸基壁纸、纺织壁纸、天然材料壁纸、风景壁纸、塑胶壁纸、布帛金箔壁纸、绒质壁纸、泡棉壁纸、仿真系列壁纸、特种塑料壁纸。其功能有防水、防火、防霉、防结雾等。

## 九、涂料

涂料，顾名思义，是指能涂于物体表面并能与基体很好地黏结，在表层形成完整而坚韧的保护膜的材料。涂料的种类繁多，除传统的"油漆"之外，更有多种新型涂料走进休闲娱乐空间设计领域中。涂料不但具有施工易行、价格合理、使用面广的特性，更具有休闲娱乐空间设计工程中的美饰作用。无论室内室外、面积大小都可以使用。它的主要成分分为成膜物质（各种油类及天然树脂、合成树脂等）、颜料、稀释剂及催干固化等辅助材料。一般分为油漆类、胶着剂类、防火防水类。常用的涂料有调和漆、树脂漆、聚酯漆、磁性漆、光漆、喷漆、防腐防锈漆、水泥漆、有机和无机高分子涂料、防火防水涂料、乳胶漆等。由于现在涂料种类太多，用途不一，因此在设计施工中应根据具体要求而使用涂料，并注意阅读使用说明书。

## 十、装饰织物

在休闲娱乐空间中，装饰织物是重要的装饰材料。室内装饰织物包括窗帘、床单、台布、地毯、挂毯、沙发蒙面等。装饰织物在室内设计中可以增强室内空间的艺术性，能烘托室内气氛，点缀环境。织物的艺术感染力主要取决于材料的质感、色彩、图案、纹理等因素的中和效果。装饰织物的制作材料主要为毛、棉麻、纱、丝、人造纤维等原材料。

1. 窗帘

窗帘的主要功能是遮阳、隔音、防尘、避免视线干扰等，具有很强的装饰性。讲究的窗帘分外、中、内三层。外层一般用透明度较大的纱网、尼龙纱等，用来防蚊虫的进入，另外可以用来调节室内的亮度；中层用绸、棉或化纤类织物，这类织物不宜太厚，用以遮阳，增加层次；内层可用丝绒或较厚的织物，这一层主要用来隔音、保暖和装饰。一般只用两层而把中间一层省去。

2. 床单、被套、枕巾

一般来讲，床单应当淡雅一些，而床上的点缀物枕巾、被套应该用明度、彩度稍高的颜色，以起到互相衬托的作用。

3. 沙发面料

沙发面料的选用应当考虑其坚固性和耐用性，其次要求面料要柔软、舒适、造型美观，颜色要与空间环境相协调。

4. 地毯

地毯最早是作为游牧民族和沙漠民族的铺设物而出现的，后来随着工业生产的发展而普及。由于地毯覆盖面积较大，具有温暖感，其色彩、图案、质感都对室内环境的气氛、格调、意境起很大作用。地毯因编织方式不同，分为有毛圈的和无毛圈的两类。因材质的不同可分为纯毛地毯、混纺地毯、化纤地毯、塑料地毯、草编地毯。由于地毯具有柔软感、保温性和吸音性，脚感舒适，铺设施工简单等优点，在现代室内地面的装饰材料中被广泛地应用。

## 十一、砖材

砖材用于室内休闲娱乐空间设计工程中并不多，但因其具有承重、隔音、隔燃、防水火作用，所以，也在室内一些隔间、花台或其他基座中使用。砖材除满足这些功能需求外，还因材

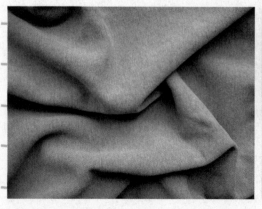

质朴拙、厚重、自然感强，具有较强的装饰效果，多以明露的方式在一些特殊装饰部位使用，以达到特殊效果。

常用砖材有各式花纹的空心砖、普通实心砖、清水砖、耐火砖、庭院砖等，均以页岩或以黏土、水泥、煤渣混凝土、砂为主材，混以其他材料，按一定的比例搅拌，经模具由人工或机械高压成型后，烧制而成。由于科学技术的发展，一种仿砖面的"软性壁砖"，因不易风化、耐火性高、易切割施工、色泽丰富逼真而被休闲娱乐空间设计所采用。

### 十二、瓦材

瓦材为传统建筑材料之一，与砖一样，主要以黏土、水泥、砂为骨料及其他特殊材料，按一定比例搅合，由模具铸形，用人工或机械高压成型，再窑烧完成。如欲增加色彩种类，可加入色粉，同时，表面可涂刷防水剂和涂料。瓦材的主要功能在于阻水、泄水、保温隔热，保护房屋内不受雨淋。现代室内设计中，往往利用瓦材厚重、古朴的传统风格，除在众多公共建筑的庭院等使用外，也将这种室外建材移植在室内设计中，有将室外伸延到室内，或是室内扩展到室外相连之感。有现代中求传统、传统中求现代的风范。瓦材除琉璃瓦外，还有黏土平瓦、水泥瓦、红瓦、小青瓦、筒瓦、背瓦、石棉瓦等。

### 十三、水泥粉饰、混凝土

在休闲娱乐空间装修的工程中，往往会遇到对原有空间结构的整修和补修工程。因此，水泥工程也是室内装饰工程中的一个大项。水泥是一种很好的矿物胶凝材料，呈粉末状，与水交合成浆状，经过其物理化学变化过程，由可塑性浆体逐渐变成坚硬的石状体。它不仅在空气中能硬化，更能在水中硬化，并不断地增加其强度。当加入骨材，就会凝聚成坚硬而抗压的混凝土。如在改变一些结构，需承重承压时，应在混凝土中加入具有抗拉力的钢筋，则成了钢筋混凝土。水泥、混凝土如通过一定的工艺手段处理，如彩色水泥粉刷表面刮饰、水泥发泡造型塑造、表面水泥拉毛、洗石子、水磨石子、斩石子等可收到意想不到的装饰效果。在装饰工程中使用水泥时，水泥的性能标号不同，其用途也有所不同。常用的有彩色水泥、白水泥、加气水泥、超细密水泥等。

### 十四、装饰板贴面

装饰板贴面类所指范围较广，包括现在市场上常用的各种饰面板材，如防火板、富丽板、宝丽板、木皮类板、镁铝曲板、冲孔铝板、亚光暗纹不锈钢钢板等，其特点耐湿、耐热、耐腐蚀，优于油漆面处理。质地坚硬，有较强的防热、耐磨、耐腐蚀之功效。装饰板贴面类花色品种很多，除了各种装饰图案美观大方外，还有仿各种纹理，仿天然花岗石、大理石纹理，仿皮革、草竹及纺织花纹。同时，这种装饰贴面板表面都很平滑平整，极易清洗，施工也方便，不易变化，使用期长，是较理想的现代装饰面材，主要用于各种场所的墙面、脚板装饰，也可用于天棚和家具等。

### 十五、其他材料

（1）"T"型铝为较早的一种铝材龙骨架。烤漆龙骨为薄铁片卷压而成，表面再经过烤漆处理，其强度和美饰作用都优先于"T"型铝材。这两种复合材料都可以与成型的面板、玻璃棉等相配套使用。主要用于吊顶，其施工简单易行。

（2）矿面板是以无毒性的矿物质纤维为原料制成。玻璃棉是一种无机纤维材料，无毒性，掺入硬化树脂经压调后成型。两种材料均具有优良的防火隔热和吸音效果，材质都很轻。在室内设计中被大量用于大面积的室内吊顶。方式有明龙骨吊顶和暗龙骨吊顶。其效果是整体大方、高雅平静。

## 第四节　装饰材料的选择

### 一、天花材料的选择

天花虽不是人们直接接触的部位，也不是人们的视觉注意中心，但是长期存在于人们头顶上，是人们心理意识存在的地方，不同材质的天花材料设计，也会造成人们精神上的不同感受。如用纺织物作天花材料时，有温柔、轻盈之感；用木板类材料时，有自然、真朴、轻松的效果；用透明的玻璃材料作天花时，会使人身置室外，将自己融合于大自然之中，令人亲切自然，精神爽畅。反之，天花用厚重的材料，如金属扣板等时，会令人有一种庄重和压迫感。所以在天花的材料设计时，应特别考虑到材料对人的心理所产生的影响。另外，由于天花不是人们常接触的部位，在其使用功能上，应尽量选择不易受污染和尘埃附着的材料，以便清扫。

### 二、地面材料的选择

地面，是人们直接接触的一个主要部位，所以在设计中特别要考虑到地面对人的感觉的舒适性、安全性。地面材料对人的感觉是人的肌肤对其材料的物理性作出的反应。当脚触及地毯时，由于地毯的弹力性和温暖度使人感觉到柔软和温暖；而脚踩花岗石地面时却使人有一种安全、厚重的感觉。另外，在某些地方(如楼梯、浴厕等)设计表面材料时，除了其舒适性外，还应考虑到安全性，以防止滑倒摔伤。

### 三、立面材料的选择

立面是室内环境的四壁，是人们视觉和触觉所及面积最大的重要部位。其表面装饰材料的设计，往往是决定人们视觉感受如何的一个重要条件，其材料的柔软度、表面的粗糙与平滑、色彩的深浅、图案的大小、纹理以及与家具设施的配合均构成室内视觉的中心，形成一种氛围印象。所以，墙壁材料的设计，应充分考虑人们视觉的舒适性。另外，在其功能上较易受到损伤的部位，还应考虑到表面材料的耐久和保养。

#### 四、隔断材料的选择

除正常的建筑材料外，用于公共空间的隔断材料品种繁多，类型多样。根据其隔断形式可分为如下3种：

（1）永久性隔断。一般为耐磨损、抗老化材料。包括砖混、空心砖、铝合金、石膏板等。这种材料由于体量轻、密度大，被广泛采用。也可在此基础上根据需要再进行装饰，装饰材料可利用干挂、湿贴、钉、粘等多种手法。永久性隔断一般用在较封闭的空间中，它要求兼顾防火和防水。

（2）临时性隔断。一般的轻质材料，如铝合金龙骨、石膏板贴面、木龙骨、多层板贴面、钢骨架玻璃等。虚空间还可以利用木、竹藤、纺织物等饰材。这种空间可以分为全封闭、半封闭两种。如需要自由装饰，一般采用吊、挂、贴、涂等手法进行，如雅间、酒吧、茶室等。

（3）可移动隔断。一般用于大型的综合性场所，它可专门制作或利用屏风、框架以及沙发座椅等物质材料作为隔断，也可充分利用各种装饰材料对不同空间、不同功能的室内空间进行设计。可移动隔断在造型上不受限制，可根据使用功能的需要进行灵活的设计。有特色的移动隔断可采用灯饰、绿化、纤维艺术等制造出别具特色的虚拟隔断。

可移动隔断在公共空间设计中由于可移动性大，有其一定的随意性，尤其在心理上能够经常给人一种新奇的感受，因此是设计师经常采用的手法，也深受广大用户的欢迎。

## 第五节 细部施工工艺

### 一、地面工程施工工艺流程

1. 石材地面的施工工艺流程

石材地面是指天然花岗石、大理石及人造花岗石、大理石等地面。

（1）石材地面装饰构造

室内地面所用石材一般为磨光的板材，板厚20毫米左右，目前也有薄板，厚度在10毫米左右，适于家庭装饰用。每块大小在300毫米×300毫米至500毫米×500毫米。可使用薄板和1:2水泥砂浆掺107胶铺贴。

（2）石材地面装饰基本工艺流程

清扫整理基层地面→水泥砂浆找平→定标高、弹线→选料→板材浸水湿润→安装标准块→摊铺水泥砂浆→铺贴石材→灌缝→清洁→养护交工。

（3）施工要点

① 基层处理要干净，高低不平处要先凿平和修补，基层应清洁，不能有砂浆，尤其是白灰砂浆灰、油渍等，并用水湿润地面。

② 铺装石材、瓷质砖时必须安放标准块，标准块应安放在十字线交点，对角安装。

③ 铺装操作时要每行依次挂线，石材必须浸水湿润，阴干后擦净背面。

④ 石材、瓷质砖地面铺装后的养护十分重要，安装24小时后必须洒水养护，铺贴完后覆盖锯末养护。

（4）注意事项

① 铺贴前将板材进行试拼，对花、对色、编号，以使铺设出的地面花色一致。

② 石材必须浸水阴干，以免影响其凝结硬化，发生空鼓、起壳等问题。

③ 铺贴完成后，2~3天内不得上人。

2. 铺贴陶瓷地面砖基本工艺流程

（1）铺贴彩色釉面砖类

处理基层→弹线→瓷砖浸水湿润→摊铺水泥砂浆→安装标准块→铺贴地面砖→勾缝→清洁→养护。

（2）铺贴陶瓷锦砖（马赛克）类

处理基层→弹线、标筋→摊铺水泥砂浆→铺贴→拍实→洒水、揭纸→拨缝、灌缝→清洁→养护。

（3）铺贴陶瓷地砖的施工要点

①混凝土地面应将基层凿毛，凿毛深度5~10毫米，凿毛痕的间距为30毫米左右。之后，清净浮灰、砂浆、油渍，酒水刷洗地面。

②铺贴前应弹好线，在地面弹出与门道口成直角的基准线，弹线应从门口开始，以保证进口处为整砖，非整砖置于阴角或家具下面，弹线应弹出纵横定位控制线。

③铺贴陶瓷地面砖前，应先将陶瓷地面砖浸泡阴干。

④铺贴时，水泥砂浆应饱满地抹在陶瓷地面砖背面，铺贴后用橡皮锤敲实。同时，用水平尺检查校正，擦净表面水泥砂浆。

⑤铺贴完2~3个小时后，用白水泥擦缝，用体积比为1:1的水泥和砂子的水泥砂浆，缝要填充密实，平整光滑，再用棉丝将表面擦净。

（4）注意事项

① 基层必须处理合格，不得有浮土、浮灰。

② 陶瓷地面砖必须浸泡后阴干，以免影响其凝结硬化，发生空鼓、起壳等问题。

③ 铺贴完成后，2~3个小时内不得上人。陶瓷锦砖应养护4~5天，才可上人。

3. 木地板施工工艺流程

（1）木地板装饰的做法

① 粘贴式木地板

在混凝土结构层上用15毫米厚1:3水泥砂浆找平，现在大多采用高分子粘结剂，将木地板直接粘贴在地面上。

② 实铺式木地板

实铺式木地板基层采用梯形截面木格栅（俗称木楞），木格栅的间距一般为400毫米，中间可填一些轻质材料，以降低人行走时的空鼓声，并改善其保温隔热效果。为增强整体性，木格栅之上铺钉毛地板，最后在毛地板上打接或粘接木地板。

在木地板与墙的交接处，要用踢脚板压盖。为散发潮气，可在踢脚板上开孔通风。

③架空式木地板

架空式木地板是在地面先砌地垄墙，然后安装木格栅、毛地板、面层地板。因家庭居室高度较低，这种架空式木地板很少在家庭装饰中使用。

（2）木地板装饰的基本艺流程

① 粘贴法施工工艺

基层清理→涂刷底胶→弹线、找平→钻孔、安装预埋件→安装毛地板、找平、刨平→钉木地板、找平、刨平→钉踢脚板→刨光、打磨→油漆→上蜡。

② 强化复合地板施工工艺

清理基层→铺设塑料薄膜地垫→粘贴复合地板→安装踢脚板。

③ 实铺法施工工艺

基层清理→弹线→钻孔、安装预埋件→地面防潮、防水处理→安装木龙骨→垫保温层→弹线、钉装毛地板→找平、刨平→钉木地板、找平、刨平→装踢脚板→刨光、打磨→油漆→上蜡。

（3）木地板施工要领

① 实铺地板要先安装地龙骨，然后再进行木地板的铺装。

② 龙骨的安装方法：应先在地面做预埋件，以固定木龙骨，预埋件为螺栓及铅丝，预埋件间距为800毫米，从地面钻孔下入。

③ 木地板的安装方法：实铺实木地板应有基面板，基面板使用大芯板。

④ 地板铺装完成后，先用刨子将表面刨平刨光，将地板表面清扫干净后涂刷地板漆，进行抛光上蜡处理。

⑤ 所有木地板运到施工安装现场后，应拆包在室内存放一个星期以上，使木地板与居室温度、湿度相适应后才能使用。

⑥ 木地板安装前应进行挑选，剔除有明显质量缺陷的不合格品。将颜色花纹一致的铺在同一房间，有轻微质量缺欠但不影响使用的，可摆放在床、柜等家具底部使用，同一房间的板厚必须一致。购买时应按实际铺装面积增加10%的损耗一次购买齐备。

⑦ 铺装木地板的龙骨应使用松木、杉木等不易变形的树种，木龙骨、踢脚板背面均应进行防腐处理。

⑧ 铺装实木地板应避免在大雨、阴雨等气候条件下施工。施工中最好能够保持室内温度、湿度的稳定。

⑨ 同一房间的木地板应一次铺装完，因此要备有充足的辅料，并要及时做好成品保护，严防油渍、果汁等污染表面。安装时挤出的胶液要及时擦掉 。

（4）注意事项

① 木地板粘贴式铺贴要确保水泥砂浆地面不起砂、不空裂，基层必须清理干净。

② 基层不平整应用水泥砂浆找平后再铺贴木地板。基层含水率不大于15%。

③ 粘贴木地板涂胶时，要薄且均匀。相临两块木地板高差不超过1毫米。

4．塑料地板铺贴工艺流程

（1）铺设塑料地板主要施工工艺流程

① 半硬质塑料地板块

基层处理→弹线→塑料地板脱脂除蜡→预铺→刮胶→粘贴→滚压→养护。

② 软质塑料地板块

基层处理→弹线→塑料地板脱脂除蜡→预铺→坡口下料→刮胶→粘贴→焊接→滚压→养护。

③ 卷材塑料地板

裁切→基层处理→弹线→刮胶→粘贴→滚压→养护。

（2）施工要点

① 基层应达到表面不起砂、不起皮、不起灰、不空鼓、无油渍，手摸无粗糙感。不符合要求的，应先处理地面。

② 弹出互相垂直的定位线，并依拼花图案预铺。

③ 基层与塑料地板块背面同时涂胶，胶面不粘手时即可铺贴。

④ 块材每贴一块后，挤出的余胶要及时用棉丝清理干净。

⑤ 铺装完毕，要及时清理地板表面，使用水性胶粘剂时可用湿布擦净，使用溶剂型胶粘剂时，应用松节油或汽油擦除胶痕 。

⑥ 地板块在铺装前应进行脱脂、脱蜡处理。

（3）注意事项

① 对于相邻的两房间铺设不同颜色、不同图案的塑料地板，分隔线应在门框踩口线外，使门口地板对称。

② 铺贴时，要用橡皮锤从中间向四周敲击，将气泡赶净 。

③ 铺贴后3天不得上人。

④ PVC地面卷材应在铺贴前3~6天进行裁切，并留有0.5%的余量，因为塑料在切割后有一定的收缩。

5．地毯铺设工艺流程

（1）铺设方式

地毯有块毯和卷材地毯两种形式，采用不同的铺设方式和铺设位置。

① 活动式铺设

是指将地毯明摆浮搁在基层上，不需将地毯与基层固定。

② 固定式铺设

固定式铺设有两种固定方法：一种是卡条式固定，使用倒刺板拉住地毯；一种是粘接法固定，使用胶粘剂把地毯粘贴在地板上。

（2）地毯地面装饰基本工艺

① 卡条式固定方式

基层清扫处理→地毯裁割→钉倒刺板→铺垫层→接缝→张平→固定地毯→收边→修理地毯面→清扫。

② 粘贴法固定方式

基层地面处理→实量放线→裁割地毯→刮胶晾置→铺设沿压→清理、保护。

（3）施工要点

● 在铺装前必须进行实量，测量墙角是否规方，准确记录各角角度。根据计算的下料尺寸在地毯背面弹线、裁割。

● 倒刺板固定式铺设沿墙边钉倒刺板，倒刺板距踢脚板8毫米。

● 接缝处应用胶带在地毯背面将两块地毯粘贴在一起，要先将接缝处不齐的绒毛修齐，并反复揉搓接缝处绒毛，至表面看不出接缝痕迹为止。

● 粘接铺设时刮胶后晾置5~10分钟，待胶液变得干粘时铺设。

● 地毯铺设后，用撑子将地毯拉紧、张平，挂在倒刺板上。用胶粘贴的，地毯铺平后用毡辊压出气泡。

● 多余的地毯边裁去，清理拉掉的纤维。

● 裁割地毯时应沿地毯经纱裁割，只割断纬纱，不割经纱，对于有背衬的地毯，应从正面分开绒毛，找出经纱、纬纱后裁割。

（4）注意事项

① 注意成品保护，用胶粘贴的地毯，24小时内不许随意踩踏。

② 地毯铺装对基层地面的要求较高，地面必须平整、洁净，含水率不得大于8%，并已安装好踢脚板，踢脚板下沿至地面间隙应比地毯厚度大2~3毫米。

③ 准确测量房间尺寸和计算下料尺寸，以免造成浪费。

④ 地毯铺设后务必拉紧、张平、固定，防止以后发生变形。

6. 水泥砂浆抹灰的施工

（1）水泥砂浆抹灰的基本工艺

找规矩→对墙体四角进行规方→横线找平，竖线吊直→制作标准灰饼、冲筋→阴阳角找方→内墙抹灰→底层低于冲筋→中层垫平冲筋→面层装修。

（2）水泥砂浆抹灰施工要点

① 抹灰前必须制作好标准灰饼。

② 冲筋也是保证抹灰质量的重要环节，是大面积抹灰时重要的控制标志。

③ 阴阳角找方也是直接关系到后续装修工程质量的重要工序。

## 二、墙面装饰施工工艺流程

1. 墙纸、墙布装饰施工工艺流程

裱糊类墙面指用墙纸、墙布等裱糊的墙面。

（1）裱糊类墙面的构造

墙体上用水泥石灰浆打底，使墙面平整。干燥后满刮腻子，并用砂纸磨平，然后用107胶或其他胶粘剂粘贴墙纸。

（2）裱贴墙纸、墙布主要工艺流程

清扫基层、填补缝隙→石膏板面接缝处贴接缝带、补腻子、磨砂纸→满刮腻子、磨平→涂刷防潮剂→涂刷底胶→墙面弹线→壁纸浸水→壁纸、基层涂刷粘结剂→墙纸裁纸、刷胶→上墙裱贴、拼缝、搭接、对花→赶压胶粘剂气泡→擦净胶水→修整。

（3）裱贴墙纸、墙布施工要点

① 基层处理时，必须清理干净、平整、光滑，防潮涂料应涂刷均匀，不宜太厚。

● 混凝土和抹灰基层：墙面清扫干净，将表面裂缝、坑洼不平处用腻子找平。再满刮腻子，打磨平。根据需要决定刮腻子遍数。

● 木基层：木基层应刨平，无毛刺、饿茬，无外露钉头。接缝、钉眼用腻子补平。满刮腻子，打磨平整。

● 石膏板基层：石膏板接缝用嵌缝腻子处理，并用接缝带贴牢，表面刮腻子。涂刷底胶一般使用107胶，底胶一遍成活，但不能有遗漏。

② 为防止墙纸、墙布受潮脱落，可涂刷一层防潮涂料。

③ 弹垂直线和水平线，以保证墙纸、墙布横平竖直、图案正确的依据。

④ 塑料墙纸遇水和胶水会膨胀，因此要用水润纸，使塑料墙纸充分膨胀，玻璃纤维基材的壁纸、墙布等，遇水无伸缩，无需润纸。复合纸壁纸和纺织纤维壁纸也不宜闷水。

⑤ 粘贴后，赶压墙纸胶粘剂，不能留有气泡，挤出的胶要及时揩净。

（4）注意事项

① 墙面基层含水率应小于8%。

② 墙面平整度用2米靠尺检查，高低差不超过2毫米。

③ 拼缝时先对图案、后拼缝，使上下图案吻合。

④ 禁止在阳角处拼缝，墙纸要裹过阳角20毫米以上。

⑤ 裱贴玻璃纤维墙布和无纺墙布时，背面不能刷胶粘剂，而应将胶粘剂刷在基层上。因为墙布有细小孔隙，胶粘剂会印透表面而出现胶痕，影响美观。

2. 罩面类墙面装饰工艺流程

（1）木护墙板、木墙裙

木护墙板、木墙裙的构造。在墙内埋设防腐木砖，将木龙骨架固定在木砖上，然后将面板钉或粘在木龙骨架上。木龙骨断面为20~40毫米×40~50毫米，木龙骨间距为400~600毫米。

（2）木护墙板、木墙裙施工工艺流程

处理墙面→弹线→制作木骨架→固定木骨架→安装木饰面板→安装收口线条。

（3）施工要点

① 墙面要求平整。如墙面平整误差在10毫米以内，可采取抹灰修整的办法；如误差大于10毫米，可在墙面与龙骨之间加垫木块。

② 根据护墙板高度和房间大小定做木棒经骨，整片或分片安装，在木墙裙底部安装踢脚板，将踢脚板固定在垫木及墙板上，踢脚板高度150毫米,冒头用木线条固定在护墙板上。

③ 根据面板厚度确定木龙骨间距尺寸，横龙骨一般在400毫米左右，竖龙骨一般在600毫米。面板厚度1毫米以上时，横龙骨间距可适当放大。

④ 钉木钉时，护墙板顶部要拉线找平，木压条规格尺寸要一致。

⑤ 木墙裙安装后，应立即进行饰面处理，涂刷清油一遍，以防止其他工种污染板面。

（4）注意事项

①墙面潮湿，应待干燥后施工，或作防潮处理。一是可以先在墙面做防潮层；二是可以在护墙板上、下留通气孔；三是可以通过墙内木砖出挑，使面板、木龙骨与墙体离开一定的距离，避免潮气对面板的影响。

②两个墙面的阴阳角处，必须加钉木龙骨。如涂刷清漆，应挑选同树种、颜色和花纹的面板。

3. 石材类墙面装饰工艺流程

（1）天然花岗岩、大理石墙面构造和施工工艺

① 天然花岗岩、大理石板材墙面构造

天然石材较重，为保证安全，一般采用双保险的办法，即板材与基层用铜丝绑扎连接，再灌水泥砂浆。饰面板材与结构墙间隔3~5厘米，作为灌浆缝，灌浆时每次灌入高度20厘米左右，实凝后继续灌注。

② 天然花岗岩、大理石板材墙面施工工艺

基层处理→安装基层钢筋网→板材钻孔→绑扎板材→灌浆→嵌缝→抛光。

（2）青石板墙面构造和施工工艺

青石板墙面构造和施工工艺可采用与釉面砖类似的方法粘贴。青石板吸水率高，粘贴前要用水浸透。

家庭装饰中局部使用小规格石材和人造石材均可参照釉面砖粘贴方法。

4. 贴面类墙面装饰工艺流程

（1）贴面类装饰基本工艺流程

①粘贴釉面砖

基层清扫处理→抹底子灰→选砖→浸泡→排砖→弹线→粘贴标准点→粘贴瓷砖→勾缝→擦缝→清理。

②粘贴陶瓷锦砖

清理基层→抹底子灰→排砖弹线→粘贴→揭纸→擦缝。

（2）施工要点

●基层处理时，应全部清理墙面上的各类污物，并提前一天浇水湿润。混凝土墙面应凿除凸起部分，将基层凿毛，清净浮灰。或用107胶的水泥砂浆拉毛。抹底子灰后，底层6~7成干时，进行排砖弹线。

●正式粘贴前必须粘贴标准点，用以控制粘贴表面的平整度，操作时应随时用靠尺检查平整度，不平、不直的，要取下重粘。

●瓷砖粘贴前必须在清水中浸泡两个小时以上，以砖体不冒泡为准，取出晾干待用。

●铺粘时遇到管线、灯具开关、卫生间设备的支承件等，必须用整砖套割吻合。

●镶贴完，用棉丝将表面擦净，然后用白水泥浆擦缝。

（3）注意事项

●基层必须清理干净，不得有浮土、浮灰。旧墙面要将原灰浆表层清净。

●瓷砖必须浸泡后阴干。因为干燥板铺贴后，砂浆水分会很快被板块吸走，造成水泥砂浆脱水，影响其凝结硬化，发生空鼓、起壳等问题。

5. 木龙骨隔断墙的施工工艺流程

（1）木龙骨隔断墙的施工程序

清理基层地面→弹线、找规矩→在地面用砖、水泥砂浆做地枕带(又称踢脚座)→弹线，返线至顶棚及主体结构墙上→立边框墙筋→安装沿地、沿顶木楞→立隔断、立龙骨→钉横龙骨→封罩面板，预留插座位置并设加强垫木→罩面板处理。

（2）木龙骨隔断墙施工要点

① 木龙骨架应使用规格为40毫米×70毫米的红、白松木。立龙骨的间距一般在450~600毫米之间。

② 安装沿地、沿顶木楞时，应将木楞两端伸入砖墙内至少120毫米，以保证隔断墙与原结构墙连接牢固。

6. 玻璃砖分隔墙施工工艺流程

玻璃砖分隔墙施工要点：

（1）玻璃砖应砌筑在配有两根f6 ~ f8钢筋增强的基础上。基础高度不应大于150mm，宽度应大于玻璃砖厚度20mm以上。

（2）玻璃砖分隔墙顶部和两端应用金属型材，其槽口宽度应大于砖厚度10 ~ 18mm以上。

（3）当隔断长度或高度大于1500mm时，在垂直方向每两层设置一根钢筋（当长度、高度均超过1500mm时，设置两根钢筋）；在水平方向每隔三个垂直缝设置一根钢筋。钢筋伸入槽口不小于35mm。用钢筋增强的玻璃砖隔断高度不得超过4m。

（4）玻璃分隔墙两端与金属型材两翼应留有宽度不小于4mm的滑缝，缝内用油毡填充；玻璃分隔板与型材腹面应留有宽度不小于10mm的胀缝，以免玻璃砖分隔墙损坏。

（5）玻璃砖最上面一层砖应伸入顶部金属型材槽口10 ~ 25mm，以免玻璃砖因受刚性挤压而破碎。

（6）玻璃砖之间的接缝不得小于10mm，且不大于30mm。

玻璃砖与型材、型材与建筑物的结合部，应用弹性密封胶密封。

7．镜面玻璃墙面施工工艺流程

（1）镜面玻璃墙面的构造

玻璃固定的方法：

① 在玻璃上钻孔，用镀铬螺钉、铜螺钉把玻璃固定在木骨架和衬板上。

② 用硬木、塑料、金属等材料的压条压住玻璃。

③ 用环氧树脂把玻璃粘在衬板上。

（2）镜面玻璃安装工艺

清理基层→钉木龙骨架→钉衬板→固定玻璃。

（3）注意事项

① 勾面玻璃厚度应为5~8毫米。

② 安装时严禁锤击和撬动，不合适时取下重安。

## 三、吊顶工程的装饰工艺流程

1．悬吊式顶棚装饰工艺流程

（1）悬吊式顶棚的构造

悬吊式顶棚一般由三个部分组成：吊杆、骨架、面层。

① 吊杆

●吊杆的作用：承受吊顶面层和龙骨架的荷载，并将这荷载传递给屋顶的承重结构。

●吊杆的材料：大多使用钢筋。

② 骨架

●骨架的作用：承受吊顶面层的荷载，并将荷载通过吊杆传给屋顶承重结构。

●骨架的材料：有木龙骨架、轻钢龙骨架、铝合金龙骨架等。

●骨架的结构：主要包括主龙骨、次龙骨和格栅、次格栅、小格栅所形成的网架体系。轻钢龙骨和铝合金龙骨有T型、U型、LT型及各种异型龙骨等。

③ 面层

●面层的作用：装饰室内空间，以及吸声、反射等功能。

●面层的材料：纸面石膏板、纤维板、胶合板、钙塑板、矿棉吸音板、铝合金等金属板、PVC塑料板等。

●面层的形式：条形、矩形等。

（2）悬吊式顶棚的施工工艺

① 轻钢龙骨、铝合金龙骨吊顶

弹线→安装吊杆→安装龙骨架→安装面板。

② PVC塑料板吊顶

弹线→安装主梁→安装木龙骨架→安装塑料板。

（3）施工要点

① 首先应在墙面弹出标高线，在墙的两端固定压线条，用水泥钉与墙面固定牢固。依据设计标高，沿墙面四周弹线，作为顶棚安装的标准线，其水平允许偏差±5毫米。

② 遇藻井吊顶时，应从下固定压条，阴阳角用压条连接。注意预留出照明线的出口。吊顶面积大时，应在中间铺设龙骨。

③ 吊点间距应当复验，一般不上人吊顶为1200~1500毫米，上人吊顶为900~1200毫米。

④ 面板安装前应对安装完的龙骨和面板板材进行检查，符合要求后再进行安装。

2. 格栅吊顶的施工工艺流程

（1）木格栅吊顶的作用

木格栅吊顶是家庭装修走廊、玄关、餐厅及有较大顶梁等空间经常使用的方法。

（2）木格栅吊顶的施工工艺

准确测量→龙骨精加工→表面刨光→开半槽搭接→阻燃剂涂刷→清油涂刷→安装磨砂玻璃。

（3）施工要点

●木格栅骨架的制作应准确测量顶棚尺寸。

●龙骨应进行精加工，表面刨光，接口处开榫，横、竖龙骨交接处应开半槽搭接，并应进行阻燃剂涂刷处理。

3. 藻井吊顶的施工工艺流程

（1）藻井吊顶的作用

在家庭装修中，一般采用木龙骨做骨架，用石膏板或木材做面板，涂料或壁纸做饰面装饰的藻井式吊顶。这种木吊顶能够克服房间低矮和顶部装修的矛盾，便于现场施工，提高装修档次，降低工程造价，达到顶部装修的目的，所以应用比较广泛。

（2）施工要点

① 木龙骨安装要求

●材料：木材要求保证没有劈裂、腐蚀、虫蛀、死节等质量缺陷；规格为截面长30~40毫米，宽40~50毫米，含水率低于10%。

●设计：采用藻井式吊顶，如果高差大于300毫米时，应采用梯层分级处理。龙骨结构必须坚固，大龙骨间距不得大于500毫米。龙骨固定必须牢固，龙骨骨架在顶、墙面都必须有固定件。

●施工：吊顶的标高水平偏差不得大于5毫米，木龙骨底面应刨光刮平，截面厚度一致，并应进行阻燃处理。

② 木龙骨安装规范

●首先应弹出标高线、造型位置线、吊挂点布局线和灯具安装位置线。

●龙骨架顶部吊点固定有两种方法：一种是用直径5毫米以上的射钉直接将角铁或扁铁固定在顶部；另一种是在顶部打眼，用膨胀螺栓固定铁件或木方做吊点。都应保证吊点牢固、安全。

●术龙骨架安装完毕，应进行质量检测与验收，才可进行饰面板的安装。

③ 饰面板的安装

● 吊顶饰面板的种类主要有石膏板和木材板两大类，都要求板面平整，无凹凸，无断裂，边角整齐。

● 饰面板的安装方法主要有圆钉固定法和木螺丝固定法两种。其中，圆钉固定法主要用于木材饰面板安装，施工速度快；木螺丝固定法主要用于石膏板饰面板，以提高板材的执钉能力。

● 安装饰面板应与墙面完全吻合，有装饰角线的可留有缝隙，饰面板之间接缝应紧密。

● 吊顶时应在安装饰面板时预留出灯口位置。饰面板安装完毕，还需进行饰面的装饰作业，常用的材料为乳胶漆及壁纸，其施工方法同墙面施工。

## 四、卫浴洁具安装工艺流程

卫生间的装饰重点：一是墙砖，二是卫生洁具。

（1）施工工艺流程

镶贴墙砖→吊顶→铺设地砖→安装大便器、洗脸盆、浴盆→安装连接给排水管→安装灯具、插座、镜子→安装毛巾杆等五金配件。

① 坐便器的工艺流程

检查地面下水口管→对准管口→放平找正→画好印记→打孔洞→抹上油灰→套好胶皮垫→拧上螺母→水箱背面两个边孔画印记→打孔→插入螺栓→拧牢→背水箱挂放平找正→拧上螺母→安装背水箱下水弯头→装好八字门→把娘灯叉弯好→插入漂子门和八字门→拧紧螺母。

② 洗脸盆的工艺流程

膨胀螺栓插入→拧牢→盆管架挂好→把脸盆放在架上找平整→下水连接:脸盆→调直→上水连接。

③ 浴盆的工艺流程

浴盆安装→下水安装→油灰封闭严密→上水安装→试平找正。

④ 淋浴器的工艺流程

冷、热水管口用试管找平整→量出短节尺寸→装在管口上→淋浴器铜进水口抹铅油→缠好并拧紧螺母→固定在墙上→上部铜管安装在三通口→木螺丝固定在墙上。

⑤ 净身器的工艺流程

混合开关、冷热水门的门盖和螺母调平正→水门装好→喷嘴转芯门装好→冷热水门出口螺母拧紧→混合开关上螺母拧紧→装好三个水门门盖→磁盆安装好→安装喷嘴→安装下水口→安装手提拉杆→调正定位。

（2）施工要领

① 洗涤盆安装施工要领

● 洗涤盆产品应平整无损裂。排水栓应有不小于8mm直径的溢流孔。

● 排水栓与洗涤盆连接时排水栓溢流孔应尽量对准洗涤盆溢流孔以保证溢流部位畅通，镶接后排水栓上端面应低于洗涤盆底。

●托架固定螺栓可采用不小于6mm的镀锌开脚螺栓或镀锌金属膨胀螺栓（如墙体是多孔砖，则严禁使用膨胀螺栓）。

●洗涤盆与排水管连接后应牢固密实，且便于拆卸，连接处不得敞口。洗涤盆与墙面接触部应用硅膏嵌缝。

●如洗涤盆排水存水弯和水龙头是镀络产品，在安装时不得损坏镀层。

②浴盆的安装要领

●在安装裙板浴盆时，其裙板底部应紧贴地面，楼板在排水处应预留250~300mm的洞孔，便于排水安装，在浴盆排水端部墙体设置检修孔。

●其他各类浴盆可根据有关标准或用户需求确定浴盆上平面高度。然后砌两条砖基础后安装浴盆。如浴盆侧边砌裙墙，应在浴盆排水处设置检修孔或在排水端部墙上开设检修孔。

●各种浴盆冷、热水龙头或混合龙头其高度应高出浴盆上平面150mm。安装时应不损坏镀铬层。镀铬罩与墙面应紧贴。

●固定式淋浴器、软管淋浴器其高度可按有关标准或按用户需求安装。

●浴盆安装上平面必须用水平尺校验平整，不得侧斜。浴盆上口侧边与墙面结合处应用密封膏填嵌密实。

●浴盆排水与排水管连接应牢固密实，且便于拆卸，连接处不得敞口。

③ 坐便器的安装要点

●给水管安装角阀高度一般距地面至角阀中心为250mm，如安装连体坐便器应根据坐便器进水口离地高度而定，但不小于100mm，给水管角阀中心一般在污水管中心左侧150mm或根据坐便器实际尺寸定位。

●低水箱坐便器其水箱应用镀锌开脚螺栓或用镀锌金属膨胀螺栓固定。若墙体是多孔砖则严禁使用膨胀螺栓，水箱与螺母间应采用软性垫片，严禁使用金属硬垫片。

●带水箱及连体坐便器其水箱后背部离墙应不大于20mm。

●坐便器安装应用不小于6mm的镀锌膨胀螺栓固定，坐便器与螺母间应用软性垫片固定，污水管应露出地面10mm。

●坐便器安装时应先在底部排水口周围涂满油灰，然后将坐便器排出口对准污水管口慢慢地往下压挤密实并填平整，再将垫片螺母拧紧，清除被挤出的油灰，在底座周边用油灰填嵌密实后，立即用回丝或抹布揩擦清洁。

●冲水箱内溢水管高度应低于扳手孔30~40mm，以防进水阀门损坏时水从扳手孔溢出。

（3）注意事项

① 不得破坏防水层。已经破坏或没有防水层的，要先做好防水，并经12小时积水渗漏试验。

② 卫生洁具固定牢固，管道接口严密。

③ 注意成品保护，防止磕碰卫生洁具。

### 五、厨房设备施工工艺流程

1. 厨房设备安装

（1）施工工艺流程

墙、地面基层处理→安装产品检验→安装吊柜→安装底柜→接通调试给、排水→安装配套电器→测试调整→清理。

（2）施工要领

① 厨房设备安装前的检验。

② 吊柜的安装应根据不同的墙体采用不同的固定方法。

③ 底柜安装应先调整水平旋钮，保证各柜体台面、前脸均在一个水平面上。两柜连接使用木螺丝钉，后背板通管线、表、阀门等应在背板划线打孔。

④ 安装洗物柜底板下水孔处要加塑料圆垫，下水管连接处应保证不漏水、不渗水，不得使用各类胶粘剂连接接口部分。

⑤ 安装不锈钢水槽时，保证水槽与台面连接缝隙均匀，不渗水。

⑥ 安装水龙头，要求安装牢固，上水连接不能出现渗水现象。

⑦ 抽油烟机的安装，注意吊柜与抽油烟机罩的尺寸配合，应达到协调统一。

⑧ 安装灶台，不得出现漏气现象，安装后用肥皂沫检验是否安装完好。

室内煤气管道的安装原则：

室内煤气管道应以明敷为主。煤气管道应沿非燃材料墙面敷设，当与其他管道相遇时，应符合下列要求：

● 水平平行敷设时，净距不宜小于150mm；

● 竖向平行敷设时，净距不宜小于100mm，并应位于其他管道的外侧；

● 交叉敷设时，净距不宜小于50mm。

煤气管道与电线、电气设备的间距，应符合下表规定。

| 电线或电气设备名称 | 最小间距 |
|---|---|
| 煤气管道电线明敷（无保护管） | 100 |
| 电线（有保护管） | 50 |
| 熔丝盒、电插座、电源开关 | 150 |
| 电表、配电器 | 300 |
| 电线交叉 | 20 |

特殊情况下室内煤气管道必须穿越浴室、厕所、吊平顶（垂直穿）和客厅时，管道应无接口。

室内煤气管不宜穿越水斗下方。当必须穿越时，应加设套管，套管管径应比煤气管管径大二档，煤气管与套管均应无接口，管套两端应伸出水斗侧边20mm。

煤气管道安装完成后应做严密性试验，试验压力为300mm水柱，3分钟内压力不下降为合格。

燃具与电表、电气设备应错位设置，其水平净距不得小于500mm。当无法错位时，应有隔热防护措施。

燃具设置部位的墙面，为木质或其他易燃材料时，必须采取防火措施。

各类燃具的侧边应与墙、水斗、门框等相隔的距离及燃具与燃具间的距离均不得小于200mm。当两台燃具或一台燃具及水斗成直角布置时，其两侧边离墙之和不得小于1.2m。

燃具靠窗口设置时，燃具面应低于窗口，且不小于200mm。

煤气快速热水器应设置在通风良好的厨房、单独的房间或通风良好的过道里。房间的高度应大于2.5m并满足下列要求：

●直接排气式热水器严禁安装在浴室或卫生间内；烟道式（强制式）和平衡式热水器可安装在浴室内，但安装烟道式热水器的浴室，其容积不应小于热水器小时额定耗气量的3.5倍。

●热水器应设置在操作、检修方便又不易被碰撞的部位。热水器前的空间宽度宜大于800mm，侧边离墙的距离应大于100mm。

●热水器应安装在坚固耐火的墙面上，当设置在非耐火墙面时，应在热水器的后背衬垫隔热耐火材料，其厚度不小于10mm，每边超出热水器的外壳在100mm以上。热水器的供气管道宜采用金属管道（包括金属软管）连接。热水器的上部不得有明敷电线、电气设备，热水器的其他侧边与电气设备的水平净距应大于300mm。当无法做到时，应采取隔热措施。

●热水器与木质门、窗等可燃物的间距应大于200mm。当无法做到时，应采取隔热阻燃措施。

●热水器的安装高度，宜满足观火孔离地1500mm的要求。

热水器的排烟方式应根据热水器的排烟特性正确选用。

a. 直接排气式热水器：装有直接排气式热水器的房间，上部应有净面积不小于10cm$^2$/MJ的排气窗，门的下部应有2.5cm$^2$/MJ的进风口；宜采用排风扇排风，风量不应小于10m$^3$/MJ。

b. 烟道式热水器：装有烟道式热水器的房间，上部及下部进风口的设置要求同直接排气式。

c. 平衡式热水器：平衡式热水器的进、排风口应完全露出墙外。穿越墙壁时，在进、排气口的外壁与墙的间隙用非燃材料填塞。

2. 木工工程施工工艺流程

（1）木门窗的施工工艺流程

① 施工内容

木门窗主要可分为平开门窗及推拉门窗两大类。

对原门窗的改造主要有以下三种方式：

第一种是对原门窗进行更换，拆去原门窗，订购或现场制作新门。

第二种是原门、框不动，进行装修改造，在原门扇上加贴优质饰面材料并做装饰造型，原框保留加包门套及门口。

第三种方法是加门窗，即在无门的空间加做新隔断门，在原窗不动的条件下在内侧加装饰性强的窗户，以提高密封性。

② 施工工艺

●平开木门窗的安装程序如下：

确定安装位置→弹出安装位置线→将门窗框就位，摆正→临时固定→用线坠、水平尺将门窗框校正、找直→将门窗框固定并预埋在墙内→将门窗扇靠在框上→按门口划出高低、宽窄尺寸后刨修合页槽→位置应准确。

●悬挂式推拉木门窗的安装程序如下：

确定安装位置→固定门的顶部→侧框板固定→吊挂件套在工字钢滑轨上→工字钢滑轨固定→固定下导轨→装入门扇上冒头顶上的专用孔内→把门顺下导轨垫平→悬挂螺栓与挂件固定→检查门边与侧框板吻合后→固定门→安装贴脸。

●下承式推拉窗的安装程序如下：

确定安装位置→下框板固定→侧框板固定→上框板固定→剔修出与钢皮厚度相等的木槽→钢皮滑槽粘在木槽内→专用轮盒粘在窗扇下端的预留孔里→将窗扇装上轨道→检查窗边与侧框板缝隙→调整→安上贴脸。

③ 施工要点

●在木门窗套施工中，首先应在基层墙面内打孔，下木模。木模上下间距小于300毫米，每行间距小于150毫米。

●然后按设计门窗贴脸宽度及门口宽度锯切大芯板，用圆钉固定在墙面及门洞口，圆钉要钉在木模子上。检查底层垫板牢固安全后，可做防火阻燃涂料涂刷处理。

●门窗套饰面板应选择图案花纹美观、表面平整的胶合板，胶合板的树种应符合设计要求。

●裁切饰面板时，应先按门洞口及贴脸宽度弹出裁切线，用锋利裁刀裁开，对缝处刨45°角，背面刷乳胶液后贴于底板上，表层用射钉枪钉入无帽直钉加固。

●门洞口及墙面接口处的接缝要求平直，45°角对缝。饰面板粘贴安装后用木角线封边收口，角线横竖接口处刨45°角接缝处理。

（2）暖气罩的施工工艺流程

① 施工内容

暖气罩就是将暖气散热片作隐蔽包装的设施。最常用的处理方法就是制作暖气罩，将暖气散热片作隐蔽处理，再在暖气罩的饰面进行装修装饰处理，以提高居室的装修效果。常见的暖气罩有固定式和活动式两种。

② 施工工艺

确定暖气罩的位置→打孔下木模→制作木龙骨架→木龙骨架固定→散热罩的框架应刨光、平正→暖气罩框架外侧刷乳胶→饰面板固定。

③ 施工要领

●暖气罩施工应在室内顶棚、墙体已做完基层处理后开始，基层墙面应平整。

●饰面板应加工尺寸正确，表面光滑平整，线条顺通，嵌合严密，无明棒、挂胶、外露钉帽和污染等缺陷。

●暖气罩木工制作完成后，应立即进行饰面处理，涂刷一遍清油后，方可进行其他作业。

●保证散热片散热良好，罩体遇热不变形，表面造型美观、安全，便于检查维修暖气散热片。暖气罩的长度应比散热片长100毫米，高度应在窗台以下或与窗台接平，厚度应比暖气宽10毫米以上，散热罩面积应占散热片面积80%以上。

●活动式暖气罩应视为家具制作，根据散热片的长、宽、高尺寸，按长度大于100毫米、高度大于50毫米、宽度大于15毫米的尺寸即可。

（3）木窗帘盒的施工工艺流程

① 施工内容

窗帘盒有两种形式：一种是房间有吊顶的，窗帘盒应隐蔽在吊顶内，在做顶部吊顶时就一同完成；另一种是房间未吊顶，窗帘盒固定在墙上，与窗框套成为一个整体。

② 施工要点

●窗帘盒的规格为高100毫米左右，单杆宽度为120毫米，双杆宽度为150毫米以上，长度最短应超过窗口宽度300毫米，窗口两侧各超出150毫米，最长可与墙体同长。

●制作窗帘盒使用大芯板，如饰面为清油涂刷，应做与窗框套同材质的饰面板粘贴，粘贴面为窗帘盒的外侧面及底面。

●贯通式窗帘盒可直接固定在两侧墙面及顶面上，非贯通式窗帘应使用金属支架，为保证窗帘盒安装平整，两侧距窗洞口长度相等，安装前应先弹线。

3. 油漆施工工艺流程

（1）木材油漆施工工艺流程

①主要施工工艺

●清漆施工工艺：

清理木器表面→磨砂纸打光→上润泊粉→打磨砂纸→满刮第一遍腻子，砂纸磨光→满刮第二遍腻子，细砂纸磨光→涂刷油色→刷第一遍清漆→拼找颜色，复补腻子，细砂纸磨光→刷第二遍清漆，细砂纸磨光→刷第三遍清漆、磨光→水砂纸打磨退光，打蜡，擦亮。

● 混色油漆施工工艺：

首先清扫基层表面的灰尘，修补基层→用磨砂纸打平 →节疤处打漆片→打底刮腻子→涂干性油→第一遍满刮腻子→磨光→涂刷底层涂料→底层涂料干硬→涂刷面层→复补腻子进行修补→磨光擦净涂刷第二遍涂料→磨光→第三遍面漆→抛光打蜡。

② 施工要点

清油涂刷的施工规范：

●打磨基层是涂刷清漆的重要工序，应首先将木器表面的尘灰、油污等杂质清除干净。

●上润油粉也是清漆涂刷的重要工序，施工时用棉丝蘸油粉涂抹在木器的表面上，用手来回揉擦，将油粉擦入木材的纹理内。

●涂刷清油时，手握油刷要轻松自然，手指轻轻用力，以移动时不松动、不掉刷为准。

●涂刷时要按照蘸次要多、每次少蘸油、操作时勤顺刷的要求，依照先上后下、先难后易、先左后右、先里后外的顺序和横刷竖顺的操作方法施工。

木质表面混油的施工规范：

●基层处理时，除清理基层的杂物外，还应进行局部的腻子嵌补，打砂纸时应顺着木纹打磨。

●在涂刷面层前，应用漆片(虫胶漆)对有较大色差和木质的节疤处进行封底。应在基层涂干性油或清泊，涂刷干性油层要所有部位均匀刷遍，不能漏刷。

●底子油干透后，满刮第一遍腻子，干后以手工砂纸打磨，然后补高强度腻子，腻子以挑丝不倒为准。涂刷面层油漆时，应先用细砂纸打磨。

③ 注意事项

●基层处理要按要求施工，以保证表面油漆涂刷不会失败。

●清理周围环境，防止尘土飞扬。

●因为油漆都有一定的毒性，对呼吸道有较强的刺激作用，施工中一定要注意做好通风。

（2）涂刷乳胶漆工艺流程

① 主要施工工艺

清扫基层→填补腻子，局部刮腻子，磨平→第一遍满刮腻子，磨平→第二遍满刮腻子，磨平→涂刷封固底漆→涂刷第一遍涂料→复补腻子，磨平→涂刷第二遍涂料→磨光交活。

② 施工要点

基层处理是保证施工质量的关键环节，其中保证墙体完全干透是最基本条件，一般应放置10天以上。墙面必须平整，最少应满刮两遍腻子，至满足标准要求为止。

乳胶漆涂刷的施工方法可以采用手刷、滚涂和喷涂的方式。涂刷时应连续迅速操作，一次刷完。

涂刷乳胶漆时应均匀，不能有漏刷、流附等现象。涂刷一遍，打磨一遍。一般应两遍以上。

③ 注意事项

● 腻子应与涂料性能配套，坚实牢固，不得粉化、起皮、裂纹。卫生间等潮湿处使用耐水腻子。

●涂液要充分搅匀，粘度太大可适当加水，粘度小可加增稠剂。

●施工温度高于10摄氏度，室内不能有大量灰尘，最好避开雨天。

4. 电路施工工艺流程

（1）电路改造的施工

① 电路改造工艺流程

确定线路终端插座的位置→墙面标画出准确的位置和尺寸→就近的同类插座引线。

② 电路改造的施工要点

a. 设计布线时，执行强电走上、弱电在下、横平竖直、避免交叉、美观实用的原则。

b. 开槽深度应一致，一般是PVC管直径+10mm。

c. 电源线配线时，所用导线截面积应满足用电设备的最大输出功率。一般情况下，照明

1.5平方，空调挂机及插座2.5平方，柜机4.0平方，进户线10.0平方。

d. 暗线敷设必须配阻燃PVC管。插座用SG20管，照明用SG16管。当管线长度超过15m或有两个直角弯时，应增设拉线盒。天棚上的灯具位设拉线盒固定。

e. PVC管应用管卡固定。PVC管接头均用配套接头，用PVC胶水粘牢，弯头均用弹簧弯曲。暗盒、拉线盒与PVC管用螺接固定。

f. PVC管安装好后，统一穿电线，同一回路电线应穿入同一根管内，但管内总根数不应超过8根，电线总截面积（包括绝缘外皮）不应超过管内截面积的40%。

g. 电源线与通讯线不得穿入同一根管内。

h. 电源线及插座与电视线及插座的水平间距不应小于500mm。

i. 电线与暖气、热水、煤气管之间的平行距离不应小于300mm，交叉距离不应小于100mm。

j. 穿入配管导线的接头应设在接线盒内，线头要留有余量150mm，接头搭接应牢固，绝缘带包缠应均匀紧密。

k. 安装电源插座时，面向插座的左侧应接零线（N），右侧应接相线（L），中间上方应接保护地线（PE）。保护地线为2.5平方的双色软线。

l. 当吊灯自重在3kg及以上时，应先在顶板上安装后置埋件，然后将灯具固定在后置埋件上。严禁安装在木楔、木砖上。

m. 连接开关、螺口灯具导线时，相线应先接开关，开关引出的相线应接在灯中心的端子上，零线应接在螺纹的端子上。

n. 导线间和导线对地间电阻必须大于0.5mΩ。

o. 电源插座底边距地宜为300mm，平开关板底边距地宜为1300mm。挂壁空调插座的高度为1900mm，脱排插座高2100mm，厨房插座高950mm，挂式消毒柜1900mm，洗衣机1000mm，电视机650mm。

p. 同一室内的电源、电话、电视等插座面板应在同一水平标高上，高差应小于5mm。

q. 每户应设置强弱电箱，配电箱内应设动作电流30mA的漏电保护器，分数路经过控开后，分别控制照明、空调、插座等。控开的工作电流应与终端电器的最大工作电流相匹配，一般情况下，照明10A，插座16A，柜式空调 20A，进户40~60A。

r. 安装开关、面板、插座及灯具时应注意清洁，宜安排在最后一涂乳胶漆之前。

（2）正确安装灯具

灯具的安装要领是：

① 灯具安装最基本的要求是必须牢固。

② 室内安装壁灯、床头灯、台灯、落地灯、镜前灯等灯具时，高度低于24m及以下的，灯具的金属外壳均应接地可靠，以保证使用安全。

③ 卫生间及厨房装矮脚灯头时，宜采用瓷螺口矮脚灯头。螺口灯头的接线、相线（开关线）应接在中心触点端子上，零线接在螺纹端子上。

④ 台灯等带开关的灯头，为了安全，开头手柄不应有裸露的金属部分。

⑤ 装饰吊平顶安装各类灯具时，应按灯具安装说明的要求进行安装。灯具重量大于3kg时，应采用预埋吊钩或从屋顶用膨胀螺栓直接固定支吊架安装（不能用吊平顶吊龙骨支架安装灯具）。从灯头箱盒引出的导线应用软管保护至灯位，防止导线裸露在平顶内。

⑥吊顶或护墙板内的暗线必须有阻燃套管保护。

5. 管路改造工程的施工工艺

（1）施工工艺流程

穿管孔洞的预先开凿→水管量尺下料→管口套丝→管路支托架安装预埋件的预理→预装→检查→正式连接安装。

（2）施工要诀

① 管路的连接一般采用螺纹连接的方法。

② 首先应根据管路改造设计要求，在墙面标出穿墙孔洞的中心位置，用十字线标记在墙面上，用冲击钻打洞孔，洞孔中心线应与穿墙管道中心线吻合，洞孔应打得平直。

③ 管口套丝是保证安装质量的关键环节，防止套丝出现斜纹。

④ 管子安装前，应先清理管内，使其内部清洁无杂物。安装时，注意接口质量，同时找准各甩头管件的位置与朝向，以确保安装后连接各用水设备的位置正确。

⑤ 管线安装完毕，应清理管路，涂刷防腐涂料后，涂刷银粉膏。

（3）镀锌管道敷设安装方法

① 管道嵌墙暗装时，墙体开槽深度与宽度应不小于管材外径加20mm，管道试压合格后墙槽应用1∶3水泥砂浆填补密实。

② 管道暗敷在地坪面层内或吊平顶内，均应在试压合格后做好隐蔽工程验收记录工作。

③ 明装管道单根冷水管道距墙表面应为15～20mm，冷、热水上下平行时，热水在上，冷水在下；冷、热水水平平行时，热水管应在冷水管内侧。

④ 明装热水管穿墙体时应设置套管，套管两端应与墙面持平。

⑤ 热水管穿越楼层时，应设置钢套管，套管上部高出50mm，下部与板底持平，套管应大于管道两档，并有防水措施。

⑥ 管接口与设备受水口位置应正确。

⑦ 在卫生器具上安装冷热水龙头时，热水龙头应安装在面向的左侧。

⑧ 镀锌管道应采用螺纹连接，管子的螺纹应规整，如有断丝或缺丝，不得大于螺纹全扣数的10%。连接后应露出2～3扣余留螺纹，被破坏的镀锌层表面及管螺纹露出部分，应作防腐处理。

⑨ 住宅室内明装给水管道的管径一般都在15～20mm之间。对给水管道固定管卡的安装，应当做到位置统一、整齐美观，不能随意、盲目。根据上海有关规定，20mm及以下给水管道固定管卡设置的位置应在转角、小水表、水龙头或者三角阀及管道终端的100mm处。

⑩ 目前大多数操作人员在固定管卡的位置需打孔时都用冲击电钻。使用冲击电钻打孔安装管卡时一般应注意以下几点：

● 最佳安装是选用带膨胀螺丝的管卡。

●钻孔的大小应与管卡固定的直径相适宜，不能过大或偏小，深度一般不小于60mm。管卡开脚部位埋入孔中后应先用水泥砂浆塞入管卡四周，然后用细石块塞入并敲打紧密，最后在四周用水泥砂浆抹平。

●严禁使用木样塞入孔中固定管卡。

●不得使用混合砂浆固定管卡。

⑪管道安装完成后，在隐蔽前应进行水压试验，试验方法同前塑料给水管道。试验层不小于0.6MPa。

⑫给水管道系统在验收前应进行通水冲洗。冲洗时应不留死角，每个配水点龙头应打开，系统最低点应设放水口，清洗时间控制在冲洗出口处排水的水质与进水相当为止。

（4）塑料给水管道敷设安装要领

●管道嵌墙暗敷时，对墙体开槽深度与宽度应不小于管材直径加20mm，且槽房平整不得有尖角突出物，管道试压合格后，墙槽应用1:2水泥砂浆填补密实。

●管道暗敷在地坪面层内或吊平顶内均应在试压合格后做好隐蔽工程的验收记录工作。

●明装热水管道穿墙壁时，应设置钢套管，套管两端应与墙面持平；冷水管穿越墙时，可预留洞，洞口尺寸比穿越管道外径大50mm。

●管材与管件连接端面应去除毛边和毛刺，必须清洁、干燥、无油。

●管道安装时必须按不同管径和要求设置管卡或吊架，位置应正确，埋设要平整，管卡与管道接触应紧密，但不得损伤管理表面。

●采用金属管卡或吊架时，金属管卡与管道之间采用塑料带或橡胶等软物隔垫。

●立管和横管支吊架的间距不得大于下面表中的规定。

表1　冷水管支吊架最大间距（mm）

| 公称外径（De） | 20 | 25 | 32 | 40 | 50 | 63 |
|---|---|---|---|---|---|---|
| 横　管 | 650 | 800 | 950 | 1100 | 1250 | 1400 |
| 立　管 | 1000 | 1200 | 1500 | 1700 | 1800 | 2000 |

表2　热水管支吊架最大间距（mm）

| 公称外径（De） | 20 | 25 | 32 | 40 | 50 | 63 |
|---|---|---|---|---|---|---|
| 横　管 | 500 | 600 | 700 | 800 | 900 | 1000 |
| 立　管 | 900 | 1000 | 1200 | 1400 | 1600 | 1700 |

6. 铝合金门窗的安装

（1）主要施工工艺

铝合金门窗安装：测量→制作门窗框，固定→填缝→门窗扇安装→玻璃安装→清理。

（2）注意事项

门窗框与墙体结构之间需留有一定的间隙，以防止热胀冷缩引起变形。

不同饰面所留的间隙尺寸：

| 墙体装饰面 | 一般粉刷 | 贴马赛克 | 贴大理石 |
|---|---|---|---|
| 缝隙尺寸（mm） | 25 | 30 | 40 |

7. 塑钢门窗的安装

塑钢门窗与墙体的连接，一是可用膨胀螺栓固定；二是可在墙内预埋木砖或木楔，用木螺丝将门窗框固定在木砖或木楔上。

门窗框与墙体结构之间一般留10~20mm缝隙，填入轻质材料（丙烯酸酯、聚氨酯、泡沫塑料、矿棉、玻璃棉等），外侧嵌注密封膏。

（1）主要施工工艺

测量→厂内制作→安装窗框→填缝→安装门窗框→清理。

（2）注意事项

① 窗框应横平竖直，高低一致。

② 固定连接件（节点）处的间距要小于600mm，要在距窗框的四个角150mm处两个方向设连接件。每个连接件不得少于两个螺丝。

③ 嵌注密封胶前要清理干净框底浮灰。

④ 安装门窗后，应注意保护门窗框及玻璃。

**课后习题：**

1. 复习和例举休闲娱乐空间设计中涉及的装饰材料种类及其特点。

2. 复习主要装饰材料的施工工艺及注意点。

3. 归纳并制作常用的装饰材料名称及特性列表。

# 第七章 实例图解

## 餐厅设计方案

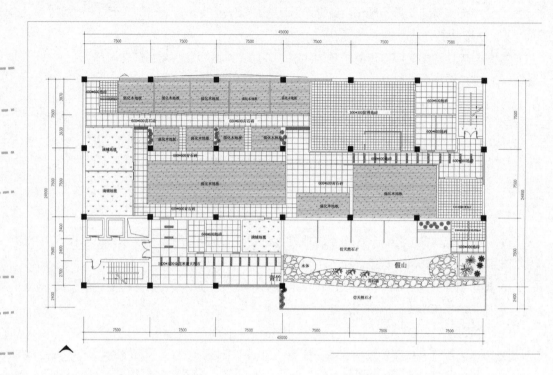

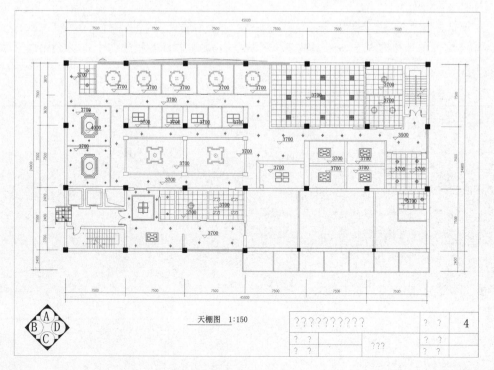

天棚图  1:150

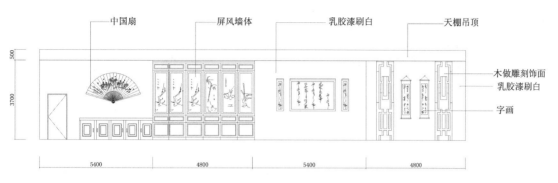

中国扇　　屏风墙体　　乳胶漆刷白　　天棚吊顶

木做雕刻饰面
乳胶漆刷白

字画

500　3700

5400　　4800　　5400　　4800

贵宾间立面图

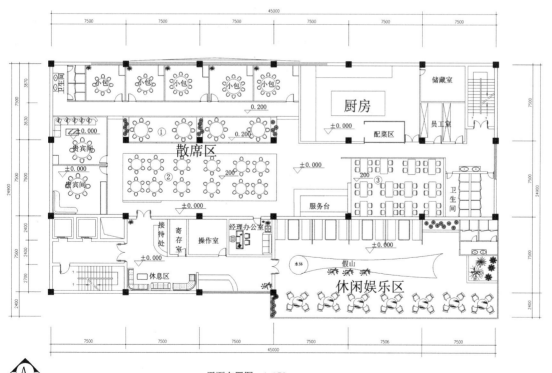

平面布置图　1:150

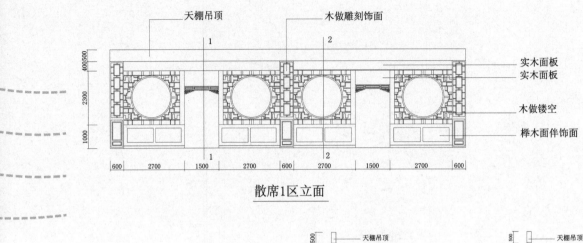

散席1区立面

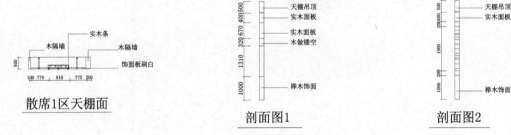

散席1区天棚面

剖面图1

剖面图2

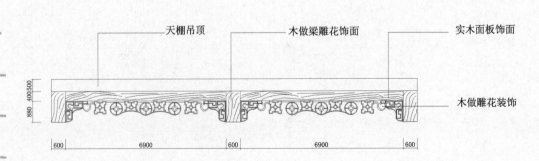

散席2区A立面图

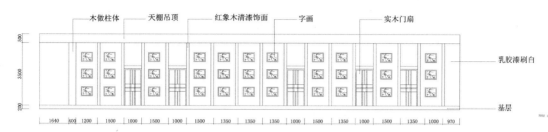

小包外墙A 立面图

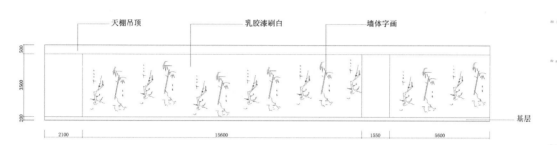

小包外墙C 立面图

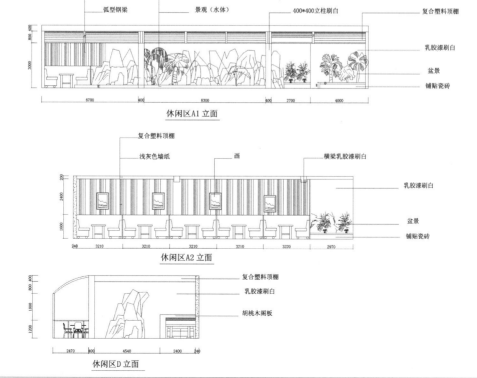

休闲区A1 立面

休闲区A2 立面

休闲区D 立面

# 大堂设计方案

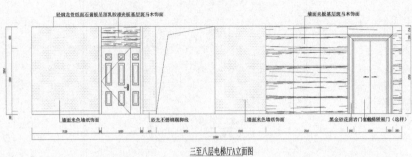

轻钢龙骨纸面石膏板吊顶乳胶漆夹板基层斑马木饰面　　　　墙面夹板基层斑马木饰面

墙面米色墙纸饰面　　砂光不锈钢踢脚线　　墙面米色墙纸饰面　　黑金砂花岗岩门套敷梯轿厢门（选样）

三至八层电梯厅A立面图

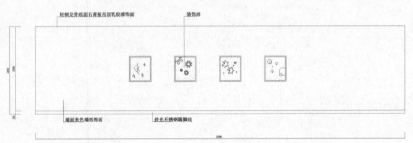

轻钢龙骨纸面石膏板吊顶乳胶漆饰面　　　装饰画

墙面米色墙纸饰面　　砂光不锈钢踢脚线

三至八层电梯厅C立面图

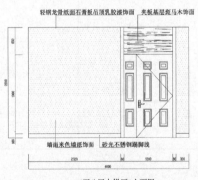

轻钢龙骨纸面石膏板吊顶乳胶漆饰面　　夹板基层斑马木饰面

墙面米色墙纸饰面　　砂光不锈钢踢脚线

三至八层电梯厅B立面图

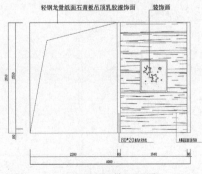

轻钢龙骨纸面石膏板吊顶乳胶漆饰面　　装饰画

80*20

三至八层电梯厅D立面图

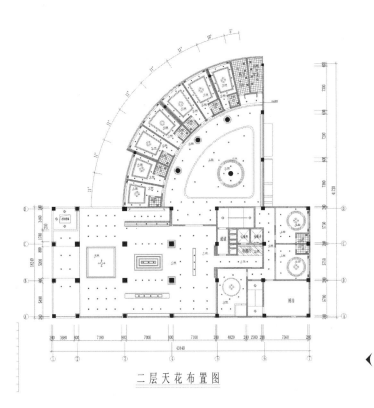

二层天花布置图

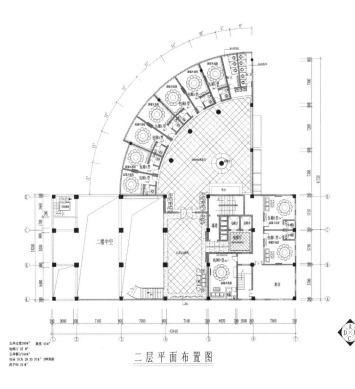

二层平面布置图

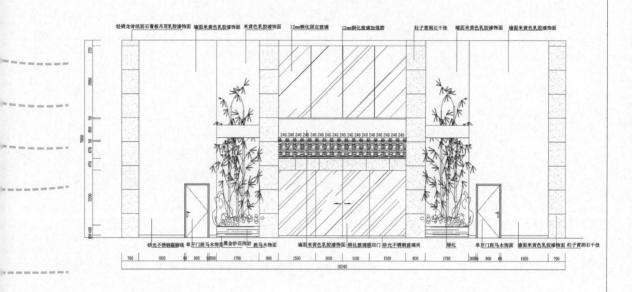

一层车道D立面图

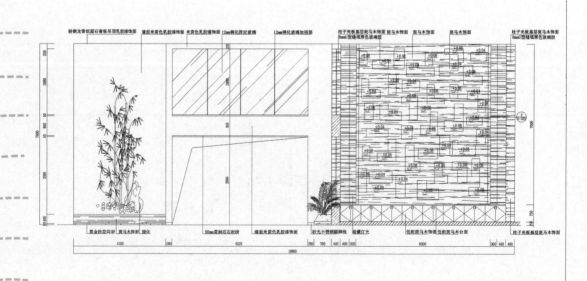

一层大堂A立面图

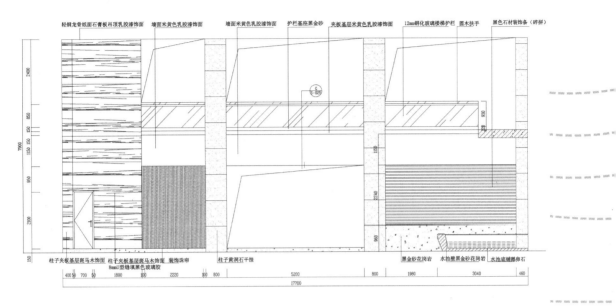

一层大堂B立面图

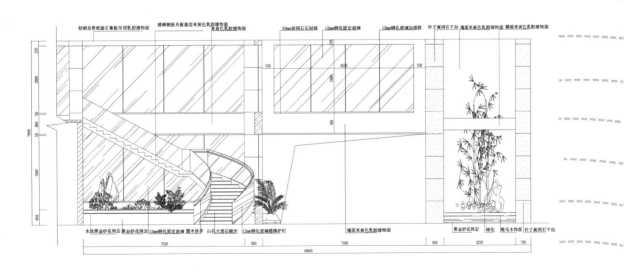

一层大堂C立面图

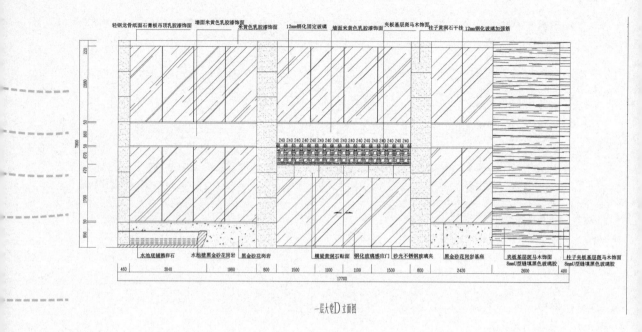

一层大堂D立面图

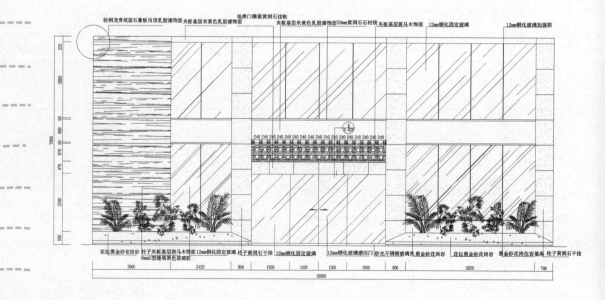

一层大堂大门立面图

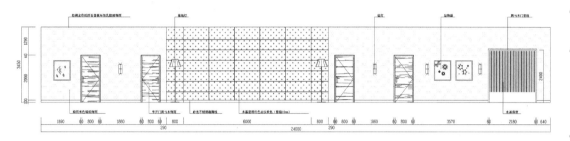

一层大堂吧走廊A立面展开图

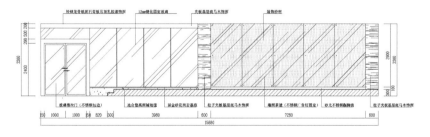

一层大堂吧走廊B立面图

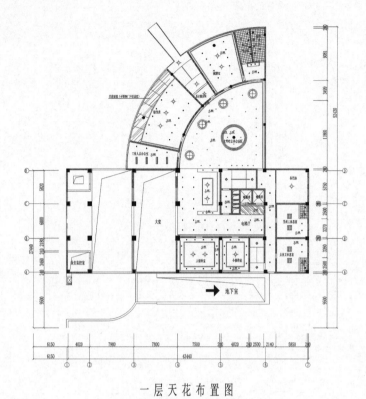

一 层 天 花 布 置 图

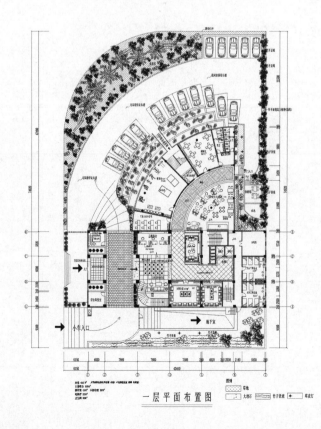

一 层 平 面 布 置 图

## 健身中心设计方案

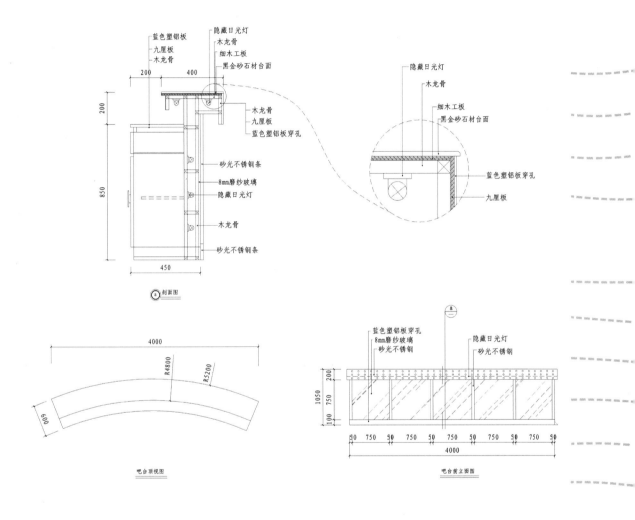

蓝色塑铝板
九厘板
木龙骨

隐藏日光灯
木龙骨
细木工板
黑金砂石材台面

200　400

200

850

450

木龙骨
九厘板
蓝色塑铝板穿孔

砂光不锈钢条
8mm磨纱玻璃
隐藏日光灯

木龙骨

砂光不锈钢条

ⓐ 剖面图

隐藏日光灯
木龙骨
细木工板
黑金砂石材台面

蓝色塑铝板穿孔

九厘板

4000

R4800
R5200

600

吧台顶视图

蓝色塑铝板穿孔
8mm磨纱玻璃
砂光不锈钢

隐藏日光灯
砂光不锈钢

ⓐ

1050　200
750
100

50　750　50　750　50　750　50　750　50　750　50
4000

吧台前立面图

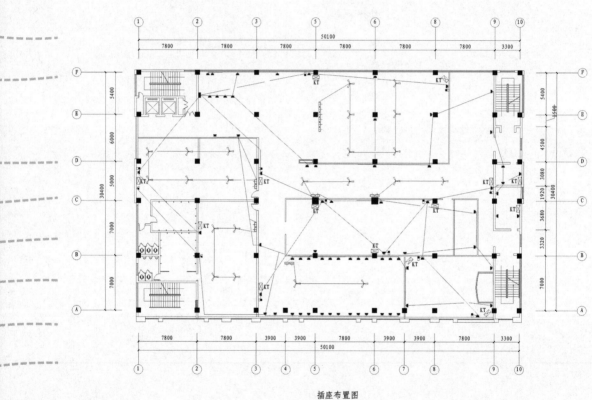

插座布置图

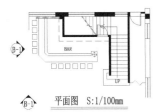

B-1　平面图　S:1/100mm

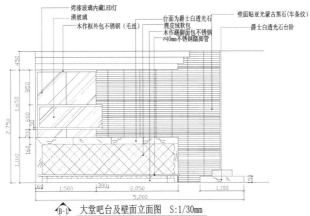

烤漆玻璃内藏LED灯
清玻璃
木作框外包不锈钢（毛丝）
台面为爵士白透光石
鹿皮绒软包
木作踢脚面包不锈钢
∅40mm不锈钢踏脚管
壁面贴亚光蒙古黑石(车条纹)
爵士白透光石台阶

B-1　大堂吧台及壁面立面图　S:1/30mm

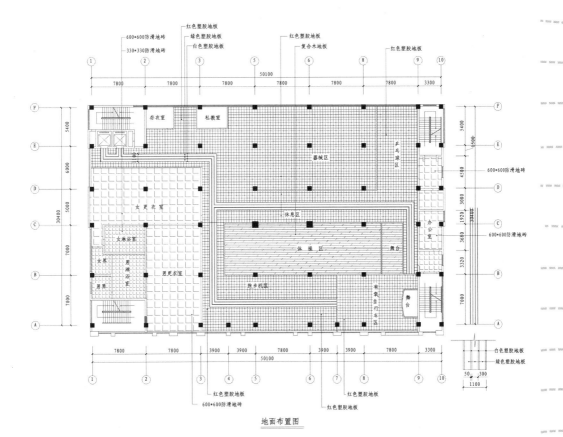

地面布置图

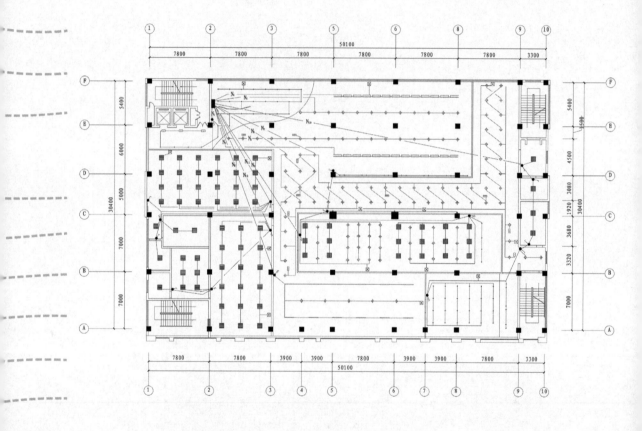

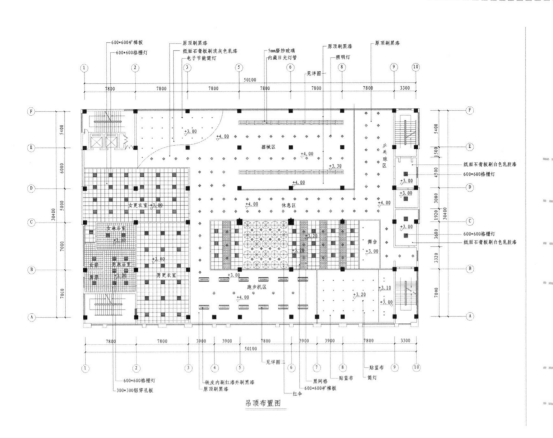

吊顶布置图

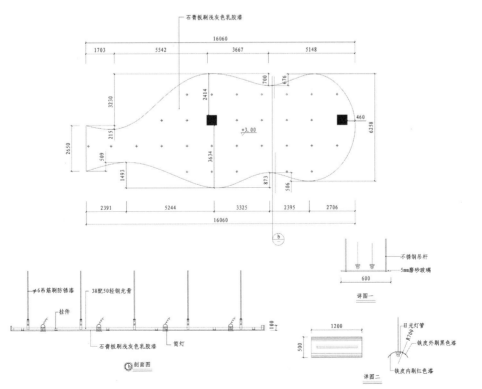

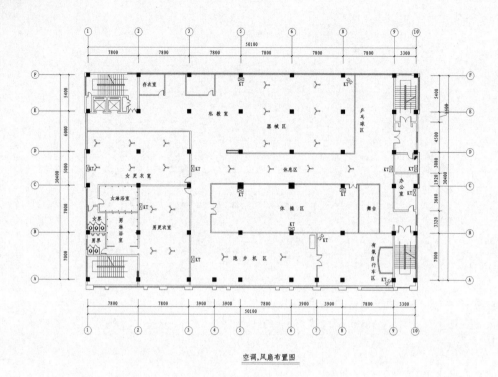

空调,风扇布置图

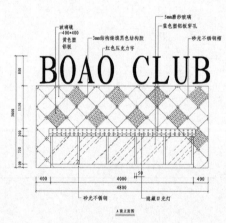

BOAO CLUB

A面立面图

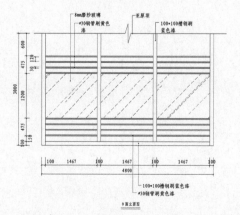

D面立面图

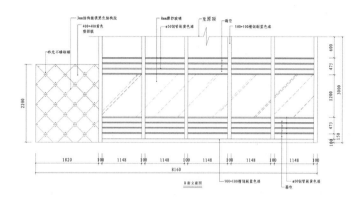

B面立面图

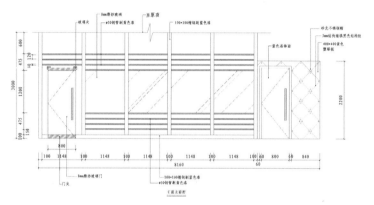

C面立面图

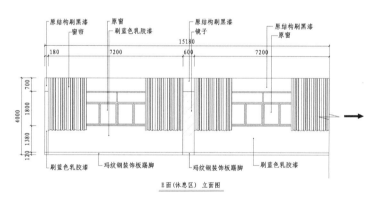

E面(休息区)立面图

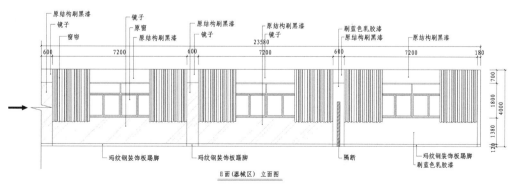

E面(器械区)立面图

说明:

1: 本次图是配合装修面设计的,具体走线根据工程进展情况灵活施工.

2: 照明箱暗装墙上,底高1.5米,插座安装高度距地0.3米
出口指示灯安高距门框顶0.1米,方向指示灯距地方向0.5米
烘干器插座安装距地1.5米,应急灯安高2.0米.
断路器箱底高1.5米,空调插座安装高度距地2.0米

3: 导线为阻燃铜芯导线随顶敷设,去普通导线为一根,去插座导线为三根.

4: 导线为阻燃铜芯导线随顶敷设,去普通导线为二根,去插座导线为三根.

5: SC 吊顶内敷设

**设备材料表**

| 序号 | 符号 | 名称 | 规格及技术特性 | 单位 | 数量 | 备注 |
|---|---|---|---|---|---|---|
| 1 | ▬ | 配电箱 | | 个 | | |
| 2 | · | 石英筒灯 | 220V 15W | 个 | | |
| 3 | ▬ | 单管荧光灯 | 220V 40W | 个 | | 隐藏磨纱玻璃后 |
| 4 | ✛ | 广场灯 | 220V 15W | 个 | | 节能灯管 |
| 5 | ▦ | 格栅灯 | 220V 60W | 个 | | |
| 6 | ▬ | 镜前灯 | 220V 30W | 个 | | |
| 7 | ✳ | 舞台灯 | 220V 100W | 盏 | | |
| 8 | ⊠ | 应急灯 | 220V 40W | 盏 | | 配蓄电池,90分 |
| 9 | ▭ | 出口指示灯 | 220V 13W | 盏 | | 配蓄电池,90分 |
| 10 | ▭ | 方向指示灯 | 220V 13W | 盏 | | 配蓄电池,90分 |
| 11 | ▭ | 方向指示灯 | 220V 13W | 盏 | | 配蓄电池,90分 |
| 12 | ✔ | 单联开关 | 220V 10A | 个 | | |
| 13 | ✔ | 双联开关 | 220V 10A | 个 | | |
| 14 | ✔ | 三联开关 | 220V 10A | 个 | | |
| 15 | ▬ | 空调插座 | 220V 25A | 个 | | |
| 16 | ▬ | 插座 | 220V 10A | 个 | | |
| 17 | ▭ | 风扇调空器 | 220V 10A | 个 | | |
| 18 | ▯ | 断路器箱 | | 个 | | 空调专用 |
| 19 | ▬ | 防溅插座 | 220V 10A | 个 | | 烘干器专用 |

电源进线

| 外电路 | | | | | | | | | | | | | | | | | |
|---|---|---|---|---|---|---|---|---|---|---|---|---|---|---|---|---|---|
| 进线开关 | | | | | | | | | | | | | | | | | |
| 箱内母线 | | | | | | | | | | | | | | | | | |
| 出现开关 | | | | | | | | | | | | | | | | | |
| 回路编号 | $N_1$ | $N_2$ | $N_3$ | $N_4$ | $N_5$ | $N_6$ | $N_7$ | $N_8$ | $N_9$ | $N_{10}$ | $N_{11}$ | $N_{12}$ | | | | | |
| 用途 | 照明 | 照明 | 照明 | 照明 | 照明 | 照明 | 照明 | 照明 | 照明 | 照明 | 照明 | 照明 | 插座 | 插座 | 空调插座 | 空调插座 | 备用 |
| 导线规格 mm² | 2x2.5 | 2x2.5 | 2x2.5 | 2x2.5 | 2x2.5 | 2x2.5 | 2x2.5 | 2x2.5 | 2x2.5 | 2x2.5 | 2x2.5 | 2x2.5 | 3x4 | 3x4 | 5x6 | 5x6 | |
| 保护管径 | G20 | G20 | G20 | G20 | G20 | G20 | G20 | G20 | G20 | G20 | G20 | G20 | G20 | G20 | G25 | G25 | |
| 敷设方式 | SC | SC | SC | SC | SC | SC | SC | SC | SC | SC | SC | SC | SC | SC | SC | SC | |

## 酒吧设计方案

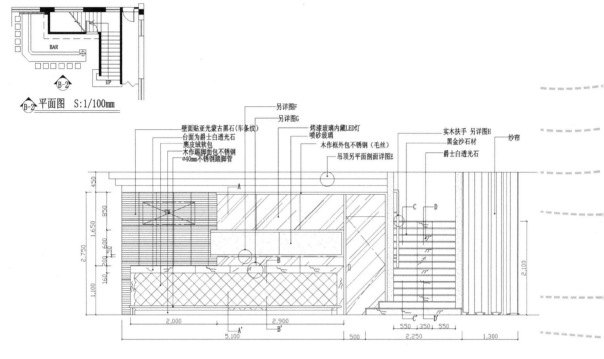

B-2 平面图　S:1/100mm

另详图F
另详图G
壁面贴亚光蒙古黑石(车条纹)
台面为爵士白透光石
麂皮绒软包
木作踢脚面包不锈钢
Ø40mm不锈钢踢脚管
烤漆玻璃内藏LED灯
喷砂玻璃
木作框外包不锈钢（毛丝）
吊顶另平面剖面详图E
实木扶手 另详图H
黑金沙石材
爵士白透光石
纱帘

B-2 大堂吧台及壁面立面图　S:1/30mm

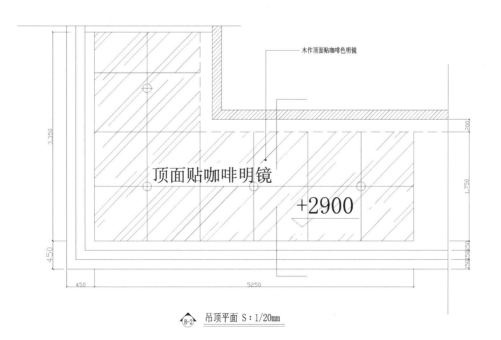

木作顶面贴咖啡色明镜

顶面贴咖啡明镜

+2900

B-2 吊顶平面 S：1/20mm

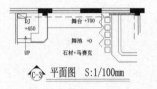

C-3 平面图 S:1/100mm

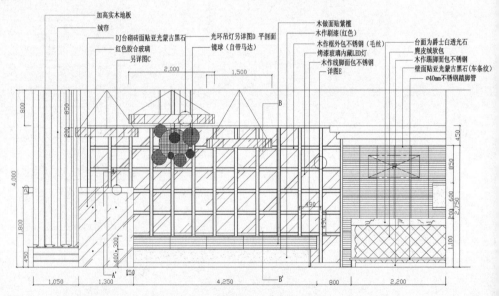

C-3 舞台及DJ台壁面立面图 S:1/30mm

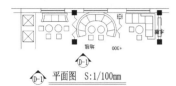

平面图 S:1/100mm

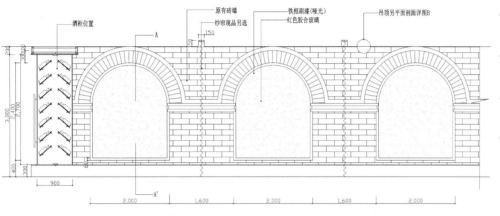

拱形窗及壁面立面图 S:1/30mm

平面图 S:1/100mm

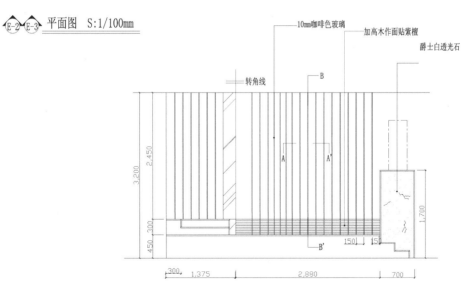

现场隔断立面图 S:1/30mm

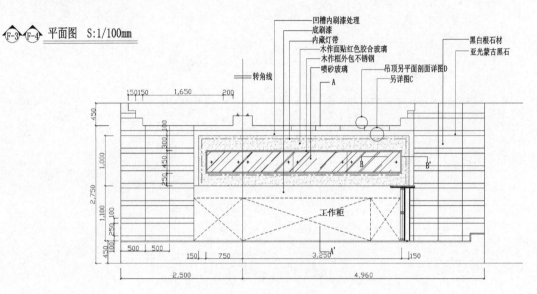

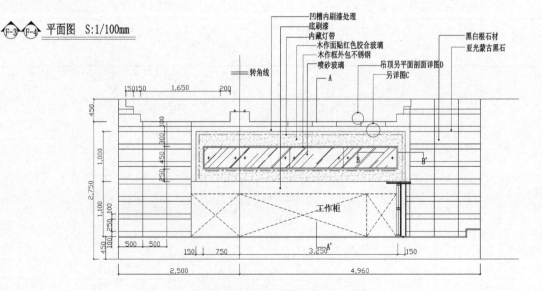

H-1 H-2　平面图　S:1/100mm

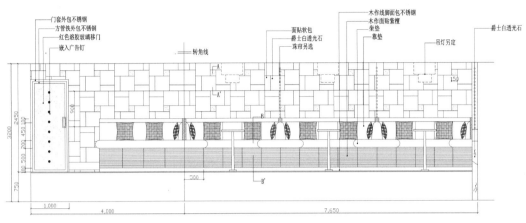

门套外包不锈钢
方管铁外包不锈钢
红色溶胶玻璃移门
嵌入广告钉

转角线

木作线脚面包不锈钢
木作面贴紫檀
坐垫
靠垫

面贴软包
爵士白透光石
珠帘另选

爵士白透光石

吊灯另定

H-1 H-2　加高沙发区壁面立面图　S:1/30mm

平面图　S:1/100mm

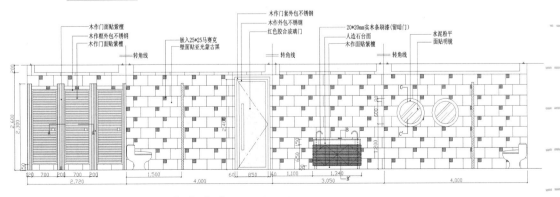

木作门面贴紫檀
木作框外包不锈钢
木作门面贴紫檀
转角线

嵌入25*25马赛克
壁面贴亚光蒙古黑

转角线

木作门套外包不锈钢
木作外包不锈钢
红色胶合玻璃门

转角线

20*20mm实木条刷漆(留暗门)
人造石台面
木作面贴紫檀

转角线

水泥粉平
面贴明镜

P-1 P-2 P-3 P-4　二楼女卫生间立面图　S:1/30mm

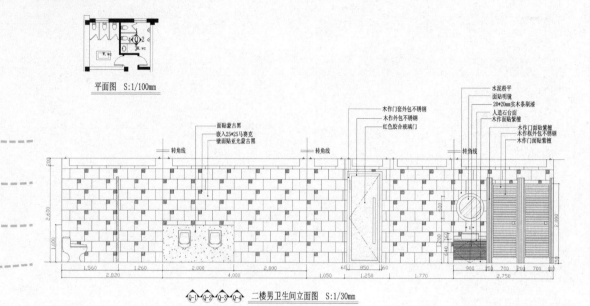

平面图 S:1/100mm

二楼男卫生间立面图 S:1/30mm

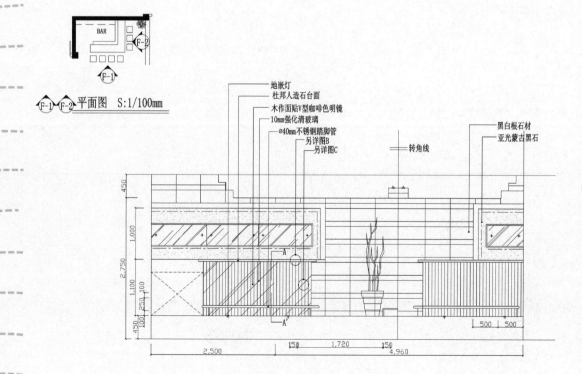

平面图 S:1/100mm

吧台立面图 S:1/30mm

二层平面图　S:1/100㎜

二层索引图　S:1/100㎜

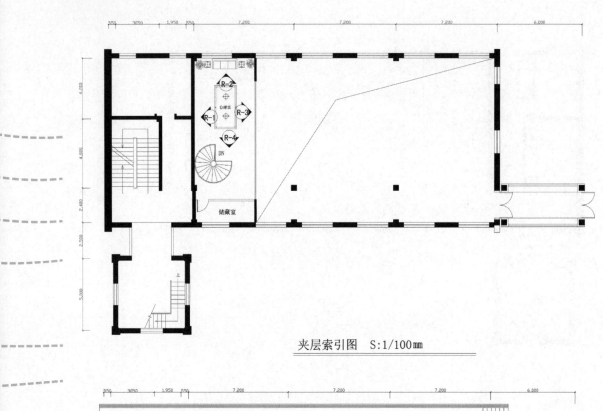

夹层索引图　S:1/100㎜

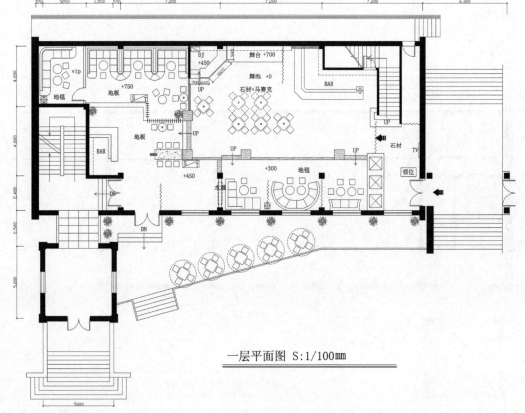

一层平面图　S:1/100㎜

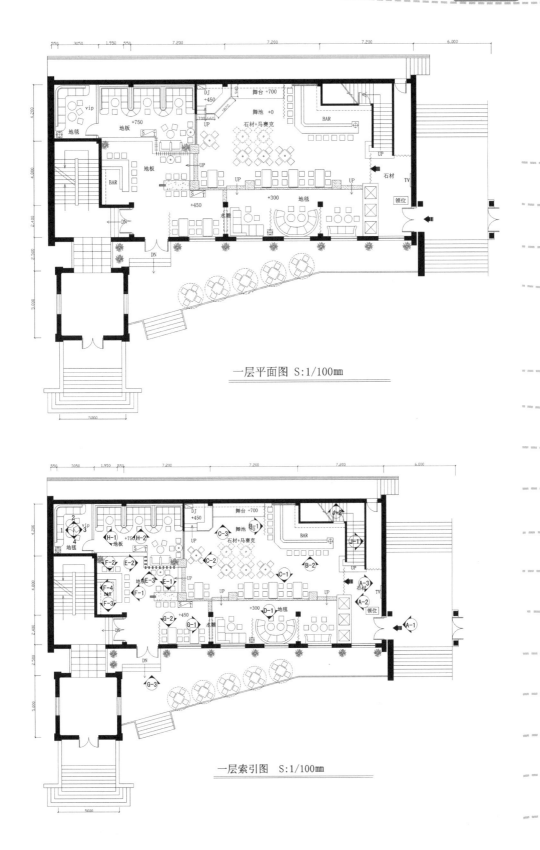

一层平面图 S:1/100mm

一层索引图 S:1/100mm

# 游泳池设计方案

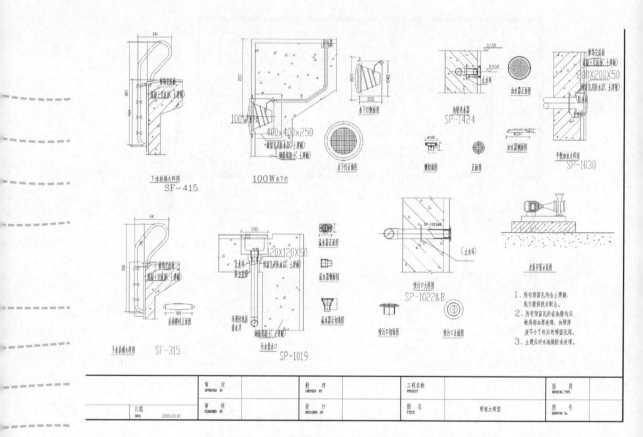

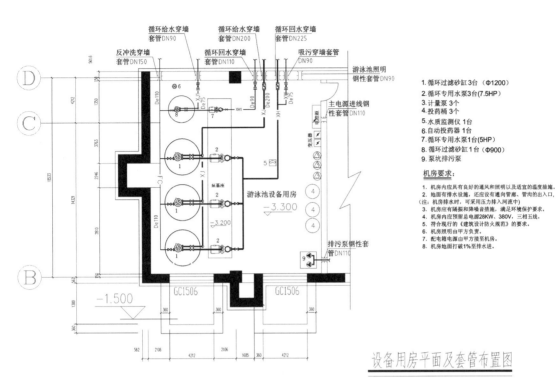

循环给水穿墙
套管DN90

循环给水穿墙
套管DN200

循环回水穿墙
套管DN225

反冲洗穿墙
套管DN150

循环回水穿墙
套管DN110

吸污穿墙套管
DN90

游泳池照明
钢性套管DN90

主电源进线钢
性套管DN110

游泳池设备用房
－3.300

排污泵钢性套
管DN110

1. 循环过滤砂缸3台（Φ1200）
2. 循环专用水泵3台(7.5HP)
3. 计量泵 3个
4. 投药桶 3个
5. 水质监测仪 1台
6. 自动投药器 1台
7. 循环专用水泵1台(5HP)
8. 循环过滤砂缸1台（Φ900）
9. 泵坑排污泵

机房要求：

1. 机房内应具有良好的通风和照明以及适宜的温度措施。
2. 地面有排水设施，还应设有通向管廊、管沟的出入口。
（注：机房排水时，可采用压力排入河流中）
3. 机房内应有隔音和降噪音措施，满足环境保护要求。
4. 机房内应预留总电源28KW、380V，三相五线。
5. 符合现行的《建筑设计防火规范》的要求。
6. 机房照明由甲方负责。
7. 配电箱电源由甲方接至机房。
8. 机房地面打破1%至排水进。

## 设备用房平面及套管布置图

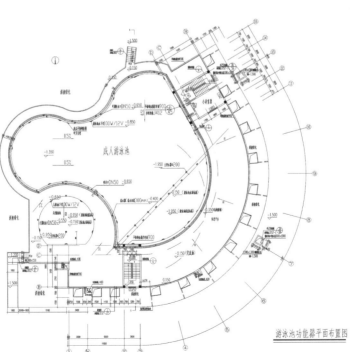

成人游泳池

## 游泳池功能器平面布置图

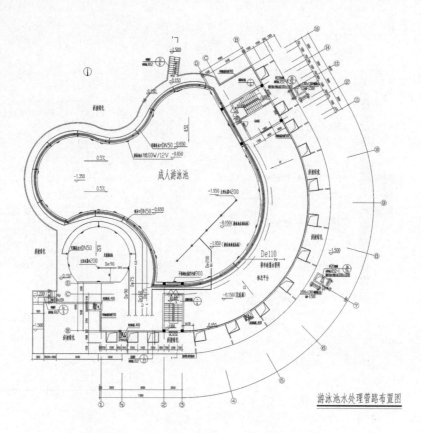

游泳池水处理管路布置图

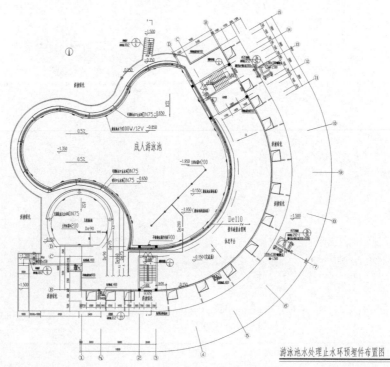

游泳池水处理止水环预埋件布置图

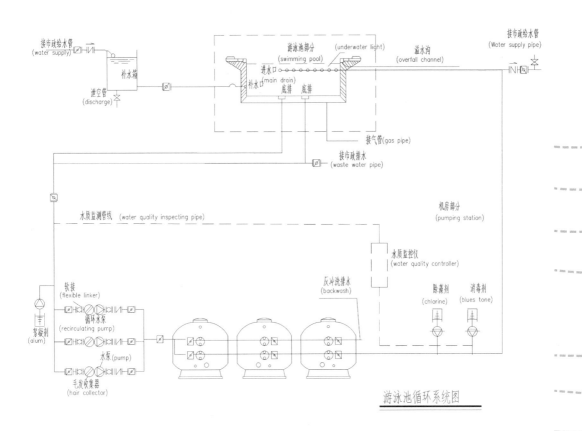

游泳池循环系统图

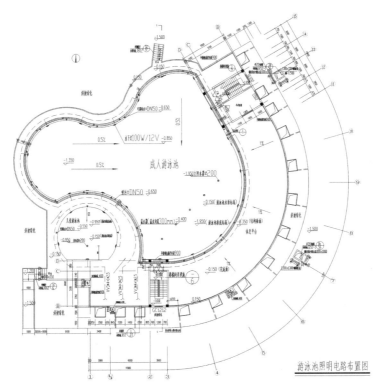

游泳池照明电路布置图

[1] 鲁睿. 商业空间设计【M】.北京：知识产权出版社，2005

[2] 赵惠宁，赵军. 现代商业环境【M】.南京：东南大学出版社，2005

[3] 许亮，董万里. 室内环境设计【M】.重庆：重庆大学出版社，2003

[4] 隋洋. 室内设计原理（上、下册）【M】.长春：吉林美术出版社，2005

[5] 刘彦. 室内装饰设计与工程【M】.北京：化学工业出版社，2006

[6] 杜异. 照明系统设计【M】.北京：中国建筑工业出版社，2004

[7] 唐浩，贺翔. 现代室内设计【M】.长沙：湖南人民出版社，2006

[8] 浩大鹏. 室内设计方法【M】.重庆：西南师范大学出版社，2002

[9] 邹彦，李引. 室内设计基本原理【M】.北京：中国水利出版社，2005

[10] 刘峰. 室内设计基础【M】.上海：上海科学技术出版社，2005

[11] 王东辉，李健华，邓琛. 室内环境设计【M】.北京：中国轻工业出版社，2007

[12] 朱淳，周昕涛. 现代室内设计教程【M】.杭州：中国美术学院出版社，2003

[13] 陈新生. 室内设计【M】.合肥：安徽美术出版社，2004

[14] 【英】托姆莱斯·汤戈兹. 英国室内设计基础教程【M】.杨敏燕译.上海：上海人民美术出版社，2006

[15] 【英】詹妮·吉布斯. 室内设计培训教程【M】.陈德民. 浦焱青译.上海：上海人民美术出版社，2006

[16] 深圳市金版文化发展有限公司. 最佳店堂01-09丛书【M】.海口：南海出版社，2006

[17] 唐婉玲. 香港室内设计之父·高文安【M】.上海：同济大学出版社，2005

[18] 唐婉玲. 灯光设计大师·关咏权【M】.上海：同济大学出版社，2005

[19] 贝思出版有限公司. 商用空间【M】.北京：中国计划出版社，1998

[20] 贝思出版有限公司. 酒店空间【M】.北京：中国计划出版社，1998

[21] 贝思出版有限公司. 设计店【M】.北京：中国建材工业出版社，1996

[22] 香港日涵国际文化有限公司. 中国商业空间【M】.上海：上海辞书出版社，2004

[23] 【日】斋藤武. 美国餐厅设计【M】.刘云俊译.沈阳：辽宁科学技术出版社，2000

[24] 《中国建筑装饰》杂志，筑语传播图书工作室. 中外星级酒店改造实例【M】.天津：天津大学出版社，2004

[25] 陈建秋、陈建明. 创意夜总会设计【M】.昆明：云南科技出版社，2006

[26] 【美】艾琳娜·玛莎尔·摩瑞诺. 饭店空间设计【M】.吕坤，吕军译.北京：中国轻工业出版社，2000

[27] 【韩国】A&C产业图书出版社编. 2006室内细部年鉴3、4【M】.雷尼国际出版有限公司译.北京：中国计划出版社，2006

[28] 【西】塞拉次（Serrats,M）. 商店空间设计Point of Purchase【M】. 王悦译.大连：大连理工大学出版社，2007

[29] 法国亦西文化公司编译. 法国商店设计【M】.沈阳：辽宁科学技术出版社，2007

[30] 蔡春华. 商用空间【M】.香港：百业传媒有限公司，2005

[31] Sueyoshi Murakami. MODERN JAPNESE STYLE【M】.Japan:SHOTENCHIKU-SHA Co.,Ltd.2003

[32] 唐玉恩，张皆正. 旅馆建筑设计【M】.北京：中国建筑工业出版社，1993

[33] 《建筑设计资料集》编委会. 建筑设计资料集（4）：2版【M】.北京：中国建筑工业出版社，1994

[34] 瓦尔特A鲁茨，理查德H潘纳，劳伦斯·亚当斯. 酒店设计——规划与发展【M】.田子葳，谭建华译.沈阳：辽宁科学技术出版社，2002

[35] 弗雷德·劳森. 酒店与度假村：规划、设计和重建【M】.王晓兰译.大连：大连理工大学出版社，2003

[36] 弗雷德·劳森. 饭店、俱乐部及酒吧：餐饮服务设施的规划、设计及投资【M】.张艳秋译.大连：大连理工大学出版社，2003

[37] 高桥仪平. 无障碍建筑设计手册·我老年人和残疾人设计建筑【M】.陶新中译.牛青山校北京：中国建筑工业出版社，2003